U0275719

住宅水景

③ 古典水景

主编 张先慧
策划 麦迪逊出版集团有限公司

中国林业出版社

图书在版编目（CIP）数据

住宅水景. 古典水景 / 张先慧主编. -- 北京 : 中国林业出版社，2013.3

ISBN 978-7-5038-6989-1

Ⅰ. ①住… Ⅱ. ①张… Ⅲ. ①住宅－理水（园林）－景观设计－世界 Ⅳ. ①TU986.4

中国版本图书馆CIP数据核字(2013)第052440号

中国林业出版社 · 建筑与家居图书出版中心
责任编辑：纪　亮 李　顺
美术编辑：苏雪莹 王丽萍
出版咨询：（010）83223051

出 版： 中国林业出版社（100009 北京西城区德内大街刘海胡同7号）
网 站： http://lycb.forestry.gov.cn/
印 刷： 广州市上美印务有限公司
发 行： 中国林业出版社
电 话：（010）83224477
版 次： 2013年6月第1版
印 次： 2013年6月第1次
开 本： 889mm×1194mm 1／12
印 张： 29
字 数： 200千字
定 价： 320.00元

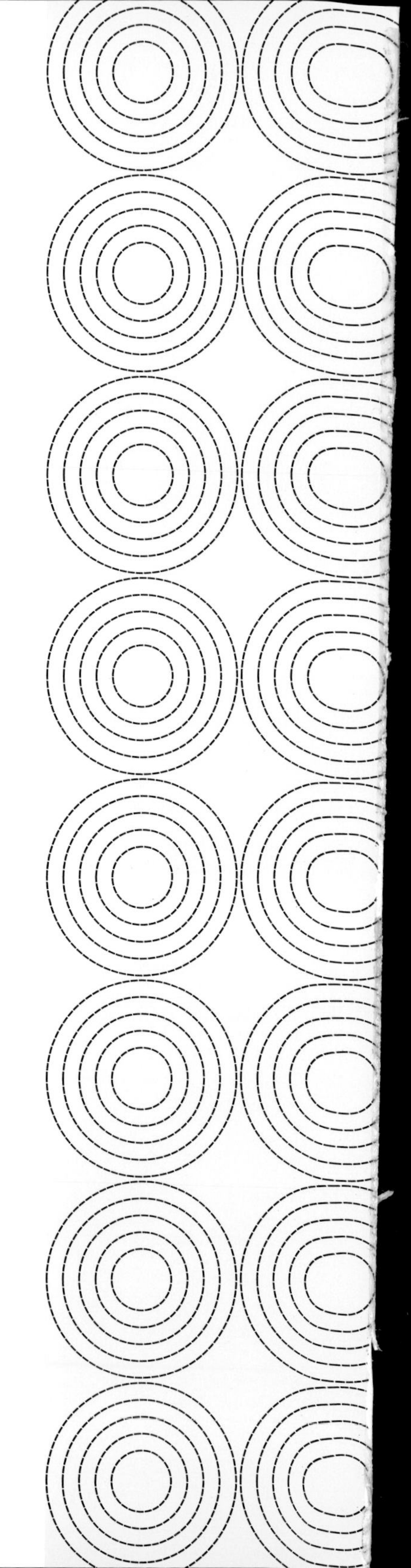

目录 / CONTENTS

导言 / INTRODUCTION

张先慧

中国麦迪逊文化传播机构董事长
中国（广州、上海、北京）广告人书店董事长
广州先慧策划工作室主持人
《麦迪逊丛书》主编

记录精英　传播经典

择水而栖，沿河而居，自古以来就是人类选择生息繁衍之地的恒久法则。近几年来，住宅的全面商品化带动了住宅环境建设的步伐，多样化的景观设计模式也应运而生。开发商为了提高居住区的价值和迎合消费者的心理，住宅水景自然地被提高到一个新的层面，成为整个住宅环境景观设计中的重中之重。

在住宅环境中引人水景，不仅可以使人们得到感观上的享受，还有调节居住区小气候的功能。在各种风格不同的景观设计中，水景都有不可替代的作用。水是景观设计中不能缺少的一种魅力元素。一些设计师把水景设计称作一棵大树：它的根部是来自于大自然中多姿多彩的水；它的枝干就是表现不同姿态的水景，比如垂落、喷涌、静态和流动的水景；它的叶子是那些用水为重要元素的景观，例如亭榭、动植物、船桥和其他同样性质形象的景观。

鉴于住宅水景在整个住宅环境景观设计中的重要性，这就要求设计师必须全面理解和掌握它的风格特征及设计手法，因为只有这样才能更好地把握住宅水景设计意图的表达和应用。为此，麦迪逊出版集团特意策划出版《住宅水景》一书以供广大开发商及设计师参考借鉴。

《住宅水景》一书在全球范围内筛选了中外197个最新的经典住宅水景案例汇编成集，全部案例以高品质的实景照片为主，配以平面图以及相应的设计说明文字。为了便于查阅、参考，全套书按设计风格分类，共分为中式水景、现代水景、古典水景三册，内容全面，精彩绝伦，是开发商、设计师不可或缺的案头手册。

我们用书籍的形式将这些优秀的设计案例记录下来，传播开去，意在对住宅水景设计文化予以保存的同时，也为读者提供了解当前住宅水景设计状况及交流思想的平台。

“记录精英，传播经典”，这是“麦迪逊丛书”的宗旨。

希望业界朋友继续关注与支持我们!

古典水景

这里所说的古典水景主要是指西方的古典水景设计，古典水景的设计不同于中式水景和现代水景。在古典水景设计里，人们将水当成认识与改造的对象，运用各种物理学技法塑造水的人工形体，强调自然环境的人工美。这种美有它的内部结构，就是对称、均衡、秩序，是可以用简单的数和几何关系来确定的。因此，在古典水景设计中处处都在用数和几何关系来烘托水的布局。

可以说，古典水景基本上是写实的、理性的、客观的、重图形、重人工、重秩序、重规律，以一种天生的对理性思考的崇尚而把水景也纳入到严谨、认真、仔细的范畴。水景处理使用了模仿伊甸的四条水路分割法则，同时布置雕塑、喷泉、陶罐等，再配以大量几何图形的路径和植物进行造景，反映着强烈的理性主义、人文主义思想。

中国沈阳万科·金域蓝湾

项目地址：中国辽宁省沈阳市浑南新区
景观设计面积：226345平方米
委托方：沈阳万科浑南金域房地产开发有限公司
设计单位：SED新西林景观国际有限公司

项目说明

沈阳万科·金域蓝湾位于奥体滨河区，收藏了浑河稀缺的景观资源，在沈阳这个缺水的内陆城市，打造了一个泰式风情园林，圆了沈阳人滨水而居的生活理想，将沈城的品质人居氛围推向了高潮。

沈阳万科·金域蓝湾以园区外部的浑河滩堤公园、湿地公园为媒介，将浑河紧密相连；并于园区内部精心打造三大泰式景观公园，以五大公园的内外相连，将稀缺的自然景观纳入园区生活。项目以泰国风情园林为蓝本，营造独特的异域风情，以形态各异的水池、叠水和喷泉为中心，粗犷石材和东南亚特色亭及回廊为内容，提取佛教色彩的雕塑、小品、图腾柱为元素，局部浮雕为点缀，再融合中式园林的虚实空间变化，营造出独具特色、再现意境的园林景观。

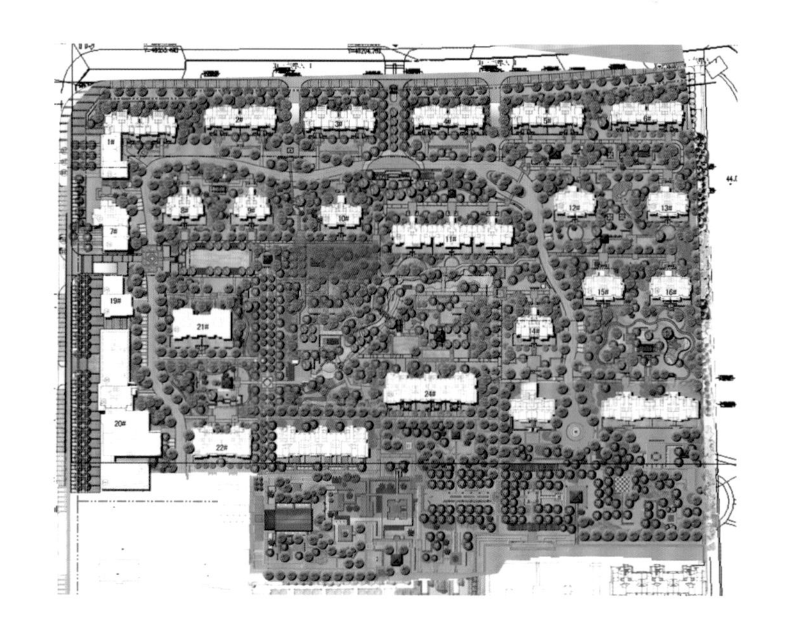

中国桂林中央尊馆

项目地址：中国广西壮族自治区桂林市
委托方：兴进置业
设计单位：深圳市奥斯本环境艺术设计有限公司

项目说明

错落的台地：地面的少量高差变化能够更好地界定空间，使楼宇之间的空地转变成一个个尺度宜人的庭院；

变幻的水景：此庭院中的人工水体不求大，而求精致、求亲切，形成有趣味的戏水空间；

饱满的植物：热带大型的棕榈树、大叶观赏灌木及攀缘植物效果最佳，其形态极富热带风情，是用来营造东南亚热带园林的“必备”元素；

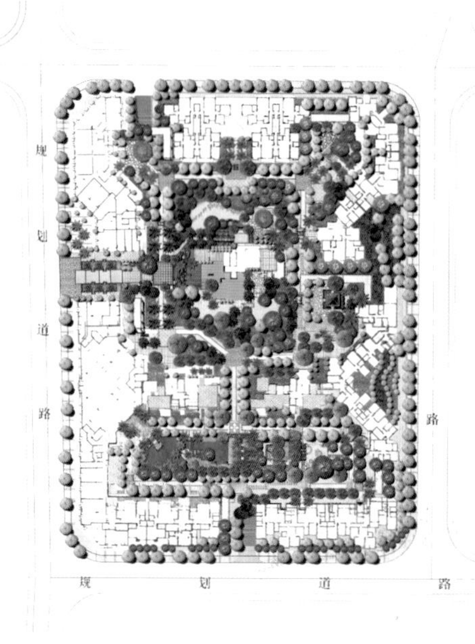
规划道路
规划道路
路

独特的建筑：设置材料质朴、尺度宜人的纳凉亭，大都为休闲纳凉所用，既美观又实用；

风情的布品：在地处桂林的现代住宅区中，对其形式做出适当的简化，摒除过浓的宗教色彩，可以很好地增加庭院的趣味性与人情味；

铺地的图案：崇尚手工的地面铺装图案，也是不可或缺的一笔，犹如画龙点睛，令人在不经意间感受到一种细腻。

中国绍兴元垄·新浪琴湾

项目地址：中国浙江省绍兴市绍兴县杭州大厦柯桥万商路
占地面积：42 666.67平方米
容积率：2.07
开发商：绍兴县元垄房地产开发有限公司
设计单位：杭州安道建筑规划设计咨询有限公司
主要设计人员：赵涤烽　詹歙　徐扬　童亮

项目说明

一、设计理念

元垄·新浪琴湾位于柯桥商业繁华街区万商路上，周边配套完善，南临古运河，毗邻鸡笼江，碧水环绕的同时，30米宽的景观绿化带嵌入其中，独具半岛风情。根据新城市主义的规划理念和新古典主义建筑风格的定位，景观设计秉承"诗意的居住，健康的生活"的设计宗旨，借鉴英式园林的构造模式，结合英式园林早期的几何对称和后期的自然舒缓两种造园手法，着力营造出充满浪漫情调、精致高雅的住区环境。

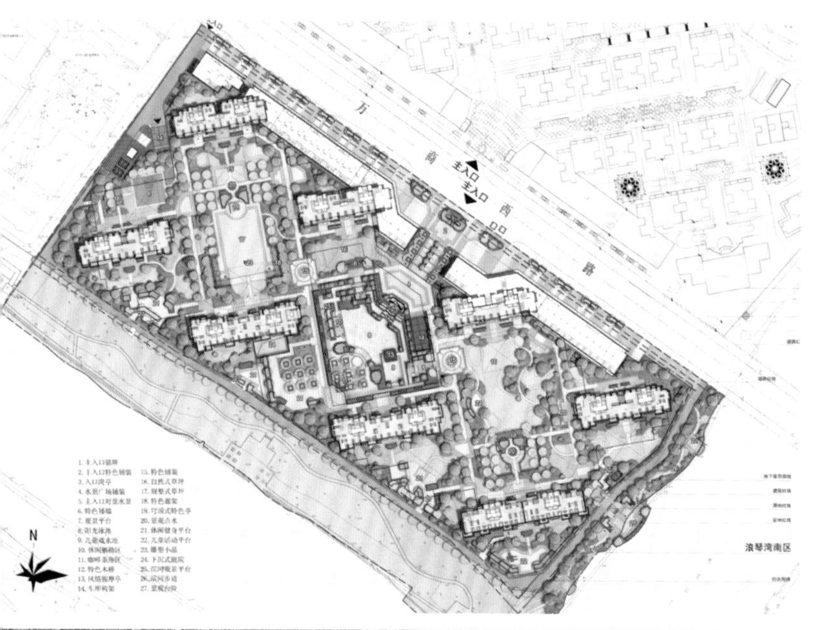

二、景观设计

在景观设计中，设计师大量运用英式园林中常出现的喷泉、廊柱、雕塑、花架和精心布局的景观小品，并结合了规整式草坪和自然式草坡，将“庄园式”和“画意式”两种造园手法同时运用于其中，传达出不同的思想主题。设计师把这样的园林作为抒发感情和省思的场所，一山一石，一草一木无不寄托着观景者的主观情绪和感受。在这里，水景成为设计的主题，我们将古运河和鸡笼江的美好江景引入园区，在入口对景处，庄重宏伟的景墙跌水与泳池相互贯通。在注重泳池功能性的同时，更给予其丰富的水岸线和休憩空间。精致的装饰性铁艺、华贵的镂空砂岩浮雕、极具浪漫风情的喷泉小品以及亲水木桥等景观元素在整个下沉式会所的泳池空间中得以有趣、合理地布置，精致的细节设计更赋予泳池皇家宫廷般的尊贵与奢华。

水深危险
注意安全

中国三亚 东和·福湾

项目地址：中国海南省三亚市与陵水黎族自治县的交界处的土福湾内
开发商：重庆东和恒浦房地产开发有限公司

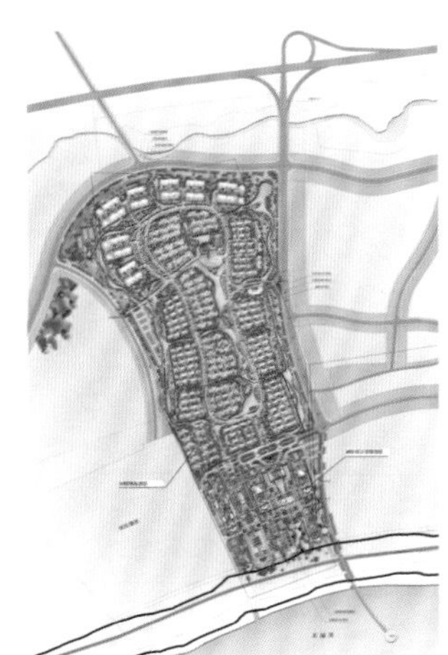

项目说明

项目位于海南三亚市与陵水黎族自治县的交界处的土福湾内，三亚海棠湾镇藤桥河出海口东侧，占地约1 000亩，海岸线长约750米，地块纵深1500米左右。

项目建筑是充满阳光气息的西班牙风格，筒瓦铺就的屋顶，STUCCO抹墙、石材相错的墙体、原木窗楣窗套。演绎简朴、大气而精致的地中海建筑风情。于岁月光华之中，建筑的气质沉静而生。

中国苏州中茵·皇冠国际

项目地址：中国江苏省苏州工业园区CBD核心地段
开发商：苏州中茵集团
设计单位：广州太合景观设计有限公司

项目说明

苏州中茵·皇冠国际社区位于苏州工业园区CBD核心地段，西靠星港街，南临20万平方米香樟林，北近贯通湖东、湖西的现代大道，坐拥风景秀美的700万平方米金鸡湖第一排，广纳无边湖光水色，环拥婀娜多姿数千米的湖岸走廊，与城市广场、湖滨新天地连成绿色城市景观。

社区的整体设计既充分彰显以人为本的理念，又表现出适应时代的现代感，巧妙利用金鸡湖生态水景，采用借景与引景手法，使城市景观文脉在社区内得以延续，与金鸡湖、香樟公园遥相呼应，营造出“开窗观湖、推门见林”之效果，将整个社区自然融入金鸡湖周边的生态环境中。同时社区中轴景观的灵魂，是目前国内唯一的双层、全透明露天水晶游泳池。透明玻璃材质的泳池宛若悬挂在空中的水晶，并配备舒适的按摩泳区，格调优雅的水中酒吧，270度围合式玻璃幕墙，双层设计，上可观远林近墅，下可赏缤纷四季。

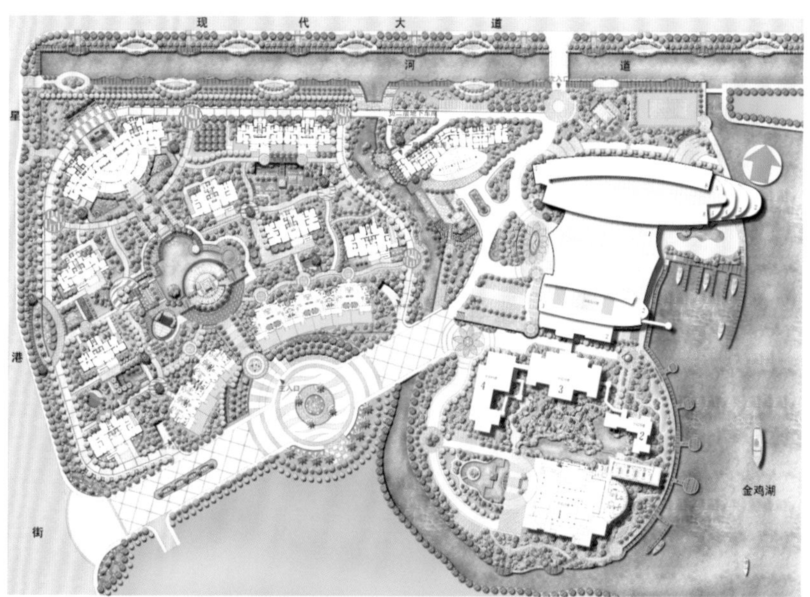

社区内引入大自然山水景观，园中以系列水文化为特色，耗资修葺中庭水晶泳池，叠水、瀑布、涌泉、雕塑、艺术喷泉等特色景观，构成了别具韵味的水景花园。社区采用“阳光车库”概念，并围绕景观式立体阳光车库，将亭、台、楼、廊、桥、林等各种造园元素与竖向连接元素瀑布、景观梯巧妙融合。精雕细琢的华丽装饰艺术灵活展现景观的艺术性，移步换景，室内、户外、车库皆能将无限风光尽收眼底。

中茵·皇冠国际别墅，与湖光美景平起平坐，视野开阔，近可赏门前落英缤纷，远可观窗外烟波林海，可在上层屋顶花园观星揽月，在下层私密空间谈古论今、纵情生活余裕。空中阳台、入户花园、落地玻璃飘窗有机结合山清水秀的自然风光。

中茵·皇冠国际社区倡导新居住文化、创造新生活方式，整个社区包括高档豪宅、国际公寓，并拥有五星级酒店（苏州中茵皇冠假日酒店）提供配套服务，整体营造出了一种既有国际超五星级酒店的文化氛围，又有苏州园林蕴秀的居住意境。

中国北京东方普罗旺斯

项目地址：中国北京市
占地面积：657 500平方米
设计单位：英国宝佳丰（BJF PLAN）景观规划设计有限公司

项目说明

东方普罗旺斯规划用地面积为657 500平方米，容积率0.3，共558栋别墅。在本次设计中，运用“泛景观”的设计理念，对场地创造性加以利用，温榆河、老河湾两大自然水系流经项目东侧，河岸线蜿蜒流长，亲近丰富的自然水系资源，拉菲特城堡傲然立于正北。

普罗旺斯设计了55%单位临水，400亩绿地，取湖景、河景、城堡公园景等多元景观要素，传续东方普罗旺斯水景独栋经典。充分享受河滨生态的宁静与清幽，堪称市场第一水景社区。会所景致幽深，室外设置亲水平台及湖畔餐吧，为光彩照人的法式闲逸生活另添闲趣。

东方普罗旺斯以人工水系为核心，形成四大分区体系，以组团式布局，综合考虑户型、景观、朝向等因素，将水、生态与景观渗透到社区每个角落；充分利用代征绿地，部分单位形成具有超级景观的庭院；结合自然地形，强化地形，使建筑不全在统一标高上，创造出高低错落的层次感；设计步出式地下室，扩大采光面。

中国安鸿西基·紫韵

项目地址：中国陕西省西安市
占地面积：102 099.5平方米
总建筑面积：229 151.62平方米
容积率：1.80
绿化率：40%
设计单位：深圳市博万建筑设计事务所

项目说明

一、规划设计

西安古城体现了中国古人以方形造城的思想，天圆地方与中国传统的哲学理念相符合。紫韵总体布局为与西安古城一脉相承的方形，棱角分明，格局清晰。建筑分布南低北高，东低西高，与中国总体地走势相吻合，是上佳的风水。

在整体继承了古城工整严谨的大气，又在局部体现了士大夫贵族阶层的隐逸情怀，以水面环绕中心Townhouse区，使中心Townhouse区整体成为紫韵的中心景观区，在东侧叠加区则由线状绿化与点状绿化有节奏布置，行走于工整的道路上却可感受到空间的抑扬开合，西侧点阵高层绿化则更是环绕循环。

二、景观设计

东南片House区拥有宜人的House区街道尺度，亲切动人的生活场景氛围以及丰富的庭院绿化、水景绿化、露台等绿化系统，而西北侧的高层区则拥有开阔的景观，鸟瞰社区及东向南湖公园的同时拥有丰富开敞的庭院绿化及沿河绿化带，高低片区各具优势又相得益彰。

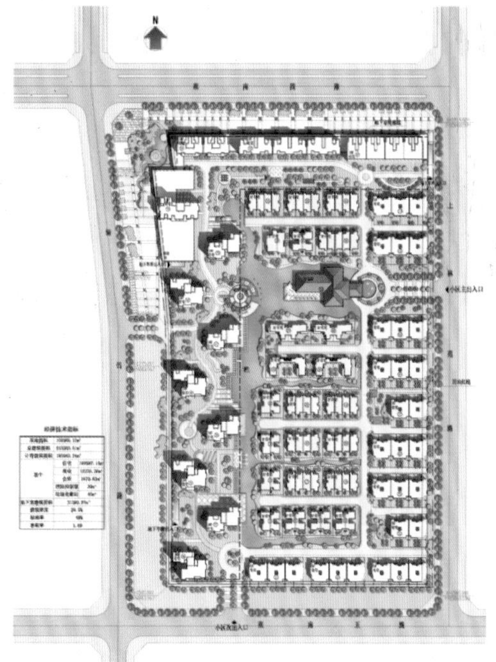

中国深圳万科·清林径

项目地址：中国广东省深圳市
占地面积：200 000平方米
委托方：深圳万科房地产有限公司
建筑设计：SB建筑师事务所
景观设计：美国SWA集团

项目说明

万科·清林径位于深圳东北部，占地面积为 200 000平方米，由Town House、公寓和商业开发区组成。项目设计包括入口广场、俱乐部会所、水景、庭院、池区、湖边人行道、商业前街和Town House。总体规划设计建造一条中央绿色走廊，还有一个湖泊系统。中央绿地的连贯性与周边自然环境的紧密联系是这个规划的重要特点。景观建筑设计旨在建立一个西班牙风情社区，并为这个社区创造出与之不同的特色景观。

中国珠海万科·金域蓝湾

项目地址：中国广东省珠海市
占地面积：24 000平方米
景观设计面积：20 000平方米
委托方：珠海万科企业股份有限公司
设计单位：深圳禾力美景规划与景观工程设计有限公司

项目说明

一、项目概况

珠海万科·金域蓝湾临近珠海繁华的香洲商圈，位于珠海市东侧，北面为翠香路，东侧为情侣北路，西侧为凤凰花园。项目占地面积约24000平方米，景观设计面积约20000平方米。

二、规划设计

整体规划布局采用一座超高层和三座高层半围合式布局形成的两个组团，多数户型拥有多角度的优良海景资源。建筑采用澳洲滨海建筑风格，颜色搭配明朗，形体符号轻巧飘逸，表达出一种清新明快的热带滨海建筑风情。小区的内环路实现人车分流，并且住户私家车与过境出租车分行。

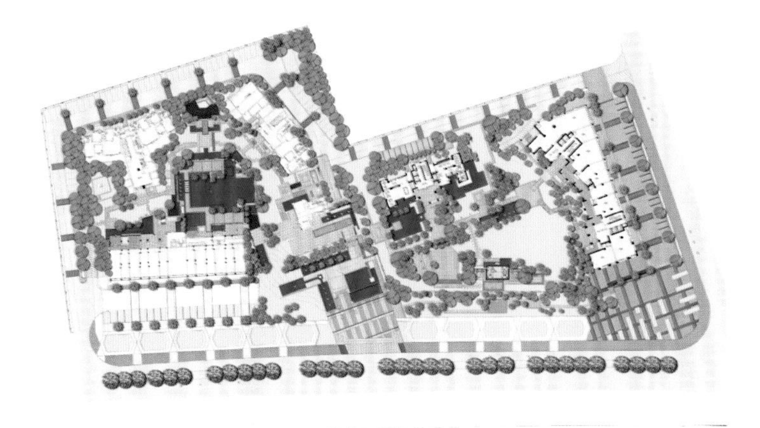

三、景观设计

景观设计延续了金域蓝湾品牌经典的东南亚热带园林风情，以充满情趣的空间设计和更纯净简约的元素，营造出清凉静谧的意境之园。美丽而又生动的环境，使庭院成为生活的组成部分，而不仅仅是窗外一角的景色或书中的一页插图。领悟真正的景观，是金域蓝湾带来的思考与收获。

1.设计理念 泰国中部皇家园林的设计理论以及现代手法的非凡演绎。

2.风格定位 东南亚热带园林风情，以充满情趣的空间设计和更纯净简约的元素，营造出清凉静谧的意境之园。

金海湾花园

3.设计原则 汲取西方文明的物质属性，融入东方文明契合自然的精神主张，隐喻着“一沙一世界”的佛谒。静谧的大海荡涤了朴素，脚下的园林沉淀了静谧，昭示着生活的瞬息流转，反复推敲之间，禅机暗藏。

4.分区设计特点 一期庭院中心设置“无边界泳池”，形成奇特而强烈的视觉冲击。泳池区里的按摩池和各式喷水，将奢华的度假水疗带入寻常生活之中，彻底放松现代人紧张疲惫的身心。

二期庭院的椰林草地、月亮吧、游戏场，串起人们午后的恬梦与夜语狂欢。入户大堂、泛会所的对景位设置具有东方气质的现代特色水景，其间点缀异国造型的喷水雕塑，让惬意的心情一路蔓延。曲折的园路满载悠闲的脚步，造型多样的亭台廊架回响着人们温情的闲谈。材料的选择重天然质感，木、石为人们提供温暖和谐的感受。大量使用热带植物，打造出层次丰富的主题式植物景观。

中国上海春申景城MID-TOWN一期

项目地址：中国上海市闵行区莲花南路999号

开发商：上海莲申房地产有限公司

景观设计面积：113 714平方米

占地面积：28 500平方米

绿化率：36%

规划设计：上海新景升建筑设计咨询有限公司

主要设计人员：徐海翔　程罡

建筑设计：上海新景升建筑设计咨询有限公司

主要设计人员：徐海翔　程罡

景观设计：贝尔高林（香港）　上海新景升建筑设计咨询有限公司

主要设计人员：杨慷　安锡光

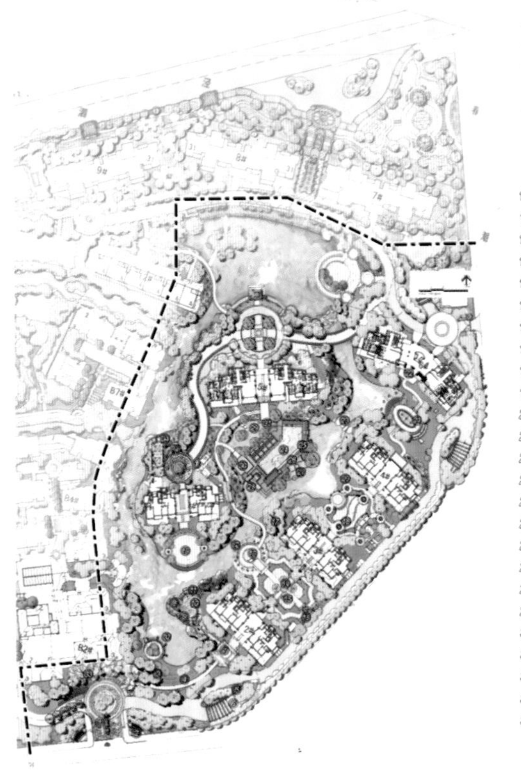

1. MAIN ENTRANCE 主入口
2. SIGNAGE 标志牌
3. ROCKWORKS WITH POCKET PLANTING 石景及特色种植
4. SITTING 休憩区
5. FEATURE WALL 特色墙
6. TO BASEMENT PARKING 地下停车场入口
7. FEATURE PAVING 特色铺装
8. FEATURE TOWER 特色楼塔
9. LAWN 草坪
10. SPECIMEN TREE 特大乔木
11. STEPPED LAWN SITTING 草坪台阶
12. WATER SPOUTS 喷水口
13. SCULPTURE 雕塑
14. FEATURE FOUNTAIN 特色喷泉
15. DECORATIVE FLOWERING POTS 装饰花盆
16. FEATURE LANTERN 特色灯笼
17. FEATURE SCULPTURE 特色雕塑
18. 2M WIDE WALKWAY 2米宽步行径
19. GRAND LAWN AREA 开放式草坪
20. SITTING AREA 休憩区
21. GARDEN/ FOUNTAIN AREA 花园/ 喷泉
22. DECORATIVE POTS 装饰盆
23. STEPPING STONE 石汀步
24. LAP POOL 游泳池
25. MULTI LEVELED TIMBER DECK 多层木平台
26. BRIDGE 桥
27. WATER CASCADE WITH ROACKWORKS 叠水及石景
28. WATER CASCADE 叠水
29. POND 水池
30. CLUBHOUSE WITH CHANGING AREA 会所及更衣室
31. WATER CASCADE 叠水
32. ENTRANCE WATER FEATURE - CASCADE 入口特色叠水水景
33. BERM UP PLANTING 堆坡种植
34. SERVICE ROOM 服务房

项目说明

春申景城MID-TOWN一期由6栋高层围合而成，是采用装饰艺术建筑风格打造的高档精装公寓住宅。景观设计充分利用基地北侧新韩泗泾市政河道水系，规划生态湿地，将河水净化后引入小区；以水为主题，使每栋楼都临水而居，力求营造出法国南岸庭院空间以及现代东南亚休闲度假风情。主要的景观节点包括三个滨水宅间法式庭院和一个具有现代东南亚休闲度假风情的游泳池，以及主入口大门区域轴线感强烈的水池和景观亭。法式钟塔滨水耸立，倒映在波光粼粼的水面。此外，规划最大的特点是建筑做了底层架空入户大堂，结合景观设计所打造的精致的水景入户体验，使居民出门即进入景观花园之中。

中国泉州国泰官邸

项目地址：中国福建省泉州市
占地面积：5 400平方米
开发商：泉州国泰房地产开发有限公司
设计单位：广州山水比德景观设计有限公司

项目说明

该项目景观为东南亚风格，地处泉州繁华核心区，周边的配套设施十分完善。小区傲立于成熟大社区之中，生活氛围浓厚，周边的生活配套设施如公园、超级市场、小学、中学、各大银行、医院、家居广场、娱乐场等一应俱全，是泉州人的居住乐土，是浇灌家庭之花的理想社区。

一、设计理念

（一）设计风格

茶乡与古港中西交融，戏曲等泉州文化特色融入休闲、情景、文化、艺术四大功能，形成四段各有特色的景观带：流光溢彩，丝路怀古，花间茗香，戏乐余韵，贯穿于风情街，成为最核心的文化元素。

（二）设计手法

1.从泉州的绿地系统考虑该公共绿地的景观设计，使其体现城市景观的不间断性。

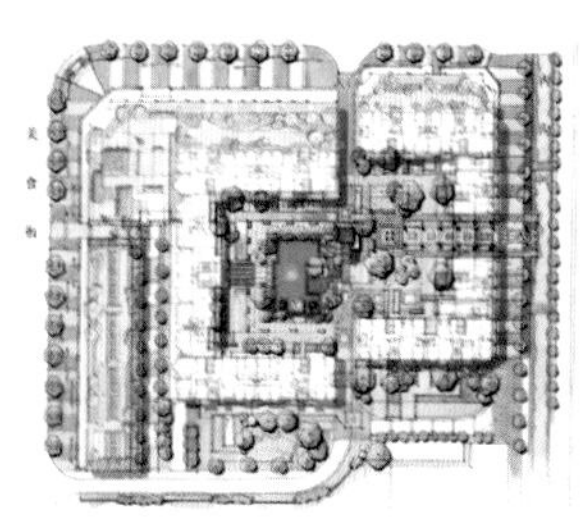

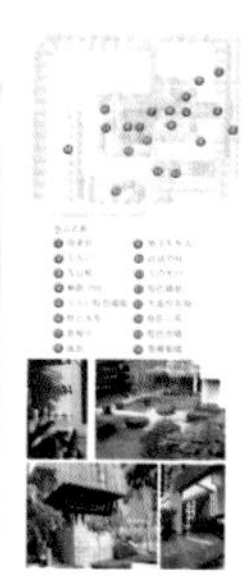

总平面图

2.通过对环城河的改造，既与小区内山水景观相融合，提升社区的景观品质，又与泉州的历史整体风格相协调，成为城市景观的一部分。

3.通过调查分析该区域的街道特征，为该项目的自然景观与人文景观设计提供可靠的依据。

4.体现景观设计的生态性、文化性、艺术性、自然性、区域性、舒适性，提高城市品质。

中国鞍山万科城

项目地址：中国辽宁省鞍山市
委托方：鞍山万科房地产开发有限公司
设计单位：SED新西林景观国际有限公司

项目说明

以东南亚园林为蓝本，揉和各国热情、神秘、浪漫的异域风情，以形态各异的水池、叠水和喷泉为中心，粗犷石材和东南亚特色亭及回廊为内容，提取佛教色彩和雕塑、小品、图腾柱为元素，局部浮雕为点缀，再融合中式园林的虚实空间变化，营造出独具特色，再现其意境的东南亚园林景观。尊重当地的文化特色，提倡现代的生活行为方式，去除繁琐奢华，尽情挥洒现代的气息，使东南亚风情与现代风貌更好地融合在一起。

中国广州恒大山水城

项目地址：中国广东省广州市增城与萝岗区交界处
开发商：恒大地产集团

项目说明

恒大山水城地处万亩湖山之间，首期占地700余亩，总建筑面积近1000000平方米，项目包括双拼别墅、联排别墅、半山湖景洋房等产品。项目区域森林覆盖率超过70%，不仅拥有得天独厚的自然景观，又汲取欧洲皇家园林精粹，建造出五大新古典主义皇家园林。此外，在长达3000米的天然私家湖岸线，沿湖种植了逾千棵名贵水杉，并设有环湖木栈道、湖心亭、30米高参天大树、1800平方米原生“金镶绿”竹林、四层叠水瀑布等园林设施，自然山水与欧式建筑完美结合，风景旖旎，赏心悦目。

中国广州雅居乐花园·十年小雅

项目地址：中国广东省广州市番禺区
占地面积：55 700平方米
总建筑面积：250 000平方米
开发商：广州番禺雅居乐房地产开发有限公司

项目说明

十年小雅为广州雅居乐花园第15个人文品牌组团，也是其收官之作。“十年小雅”组团位置非常优越，傲立于广州雅居乐花园最核心位置，尊享半山稀缺资源，正对会所，北向水景人文组团“上善若水”，南依充满缤纷色彩的“花巷”组团，东接浅山、加拿大双语幼儿园、优游组团“SUNNY”，西邻20000平方米巴厘岛风情会所、波光璀璨的千坪映逸湖，好像建于“聚宝盆”之中。

十年小雅园林面积约6000平方米，在延续了雅居乐惯用的东南亚巴厘岛风情基础上，凝结了广州雅居乐花园园林规划最精彩的表现，充分将“上善若水”的灵动、“时光九篇”的迤逦等出彩之处融入其中，同时结合半山原生态地貌，精心雕琢形成高低起伏，错落有致的景观效果，创造性引入叠级式园林理念，创作出了极具特色的步步胜景的园林设计，与毗邻的20 000平方米巴厘岛风情会所融为一体，与整个大社区大环境内外相呼应。本次园林设计理念采用巴厘岛叠景园林，在浓缩广雅十几个组团精华的基础上，广泛深层次引入叠级式园林，通过众多富具特色的景点布置，达到组团纵横200米内叠级十多级的效果，让错落更为明显。

考虑到水的特有灵性，整个组团以水景贯穿，设计师将叠水瀑布、涌泉、狮头喷泉、定制绣石喷泉等水景经过巧妙构思，与多处的特色廊亭、拱形花架、艺术雕塑、叠级花槽等特色景观结合，配以巴厘岛水泽风情与极富亚热带特色的繁茂植被，如草皮、灌木、乔木点缀其中，实现人工艺术与自然环境景观有机结合，创造出了一幅自然动静相宜的园林美景。更值得称赞的是，在小区内设置了儿童游乐园，将园林的观赏性与实用性完美结合。走进“十年小雅”组团，迎面而来的是欢迎业主回家的御宾喷泉，

进入花雨连廊，一路走来，赏心湖、悦心亭、浮光岁月喷泉广场一一呈现，在感受美轮美奂的园林盛景同时，更留下不可磨灭的岁月痕迹。另外，整个组团内的道路没有一处粗糙的水泥地面。由绣石、麻石等石材镶嵌的冰凌砖路贯穿整个组团的硬质铺装，成为色彩视觉丰富的活动空间。

中国成都正成·拉斐

项目地址：中国四川省成都市
设计单位：成都海外贝林景观设计有限公司

项目说明

正成·拉斐以法国著名红酒“拉斐”作为整个景观的线索和设计脉络，以罗曼田园风情为基调，浪漫高雅不仅体现于整个园林设计中，悠久的拉斐葡萄酒文化也是不可或缺的一部分，以红酒为核心的衍生酒文化积淀深远。借鉴欧式园林的特点，采用后现代的手法表达欧式园林的精髓，从宏伟和活泼中得到灵感，彰显自然浪漫、优雅惬意的景观形象。

整个景观布局以展示性节点和生活性场所为主。通过景观点、线、面的组织，形成一系列中轴景观区的节点，构筑了人群集散交往的活动场所，以自然化设计融合于自然、亲和于自然，设置不同高低层次植物的错落种植，以小乔木搭配灌木与植被为主要造景绿化手法，营造立体绿化空间。让住户与大自然亲密接触，使景观的均好性得到了很好的统一。

中国重庆廊桥水岸

项目地址：中国重庆市江北区
设计单位：润枫管理咨询（上海）有限公司

项目说明

本项目的景观设计共有七条景观主轴，其主题是巴厘岛花园。

人与自然的关系可以是和谐的。而本设计正好实现了人置身自然之中充分地拥抱大自然的意愿。本项目的建筑依山傍水，拥有欣赏长江江景的绝佳视觉享受。

而七条景观主轴中的六条主轴的水景充分延续了依水而居的概念，最后一条主轴则融入了长江景色以体现水居的概念。从而使所有的主轴再次呼应了廊桥水岸的主题。

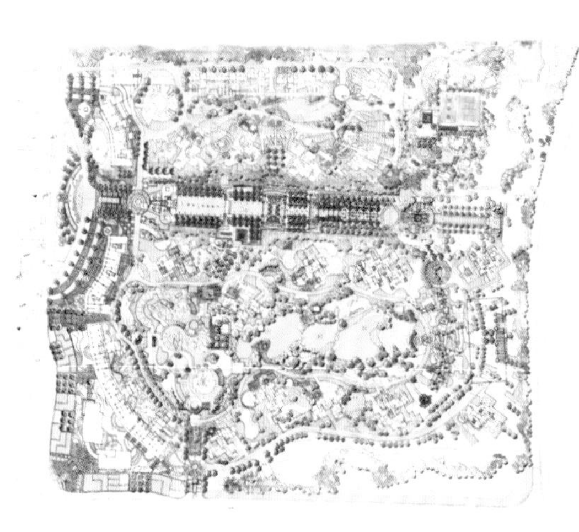

LEGENG 列表
CODE代码 DESCRPTION说明

1. Balinese Tower: 巴厘岛式塔
2. Sales Office: 售楼处
3. Genesis Fountain: 喷泉
4. Hot spring Gateway: 温泉入口大道
5. Blissful waters: 水景
6. Children's Swimming Pool: 儿童泳池
7. Pristine Pools: 复古水池
8. Water Sports Facilities: 水上乐园
9. Adult Pool: 成人泳池
10. Running brooke: 涓涓溪流
11. Fcaturc trcllis: 特色花架
12. Park: 公园
13. Viewing Deck: 观景平台
14. Sample House: 样板房
15. Basin of wealth: 财富之池
16. Basin of professional bliss: 前程之池
17. Basin of personal bliss: 极乐之池
18. Basin of spiritual Bliss: 圣洁之池
19. Collecting pool: 集水池
20. Lake serenity: 恬静湖水
21. Feature Hanging Bridge: 特色吊桥
22. Badminton court: 羽毛球场
23. Entry Basement: 地下入口
24. Pristine Pavilion: 复古凉亭
25. Secondary Entry: 次入口
26. Commerecial Walk: 商业步行街
27. Plaza: 广场
28. Cascading Lake: 跌水湖面

看见水源喷泉意味着来到了廊桥水岸的入口，这也是整个景观庭院的惊鸿一瞥。而这个区域也象征着整个水景体系的起源之地。具有巴厘岛风格的大树烘托着优雅的喷泉水景和八座雕塑，气派宏伟，同时也暗示了小区里面还有更好的景观在等待着被人们发现。

美丽的售楼处“漂浮”在水面上，一座独特的景观桥将人行步道与之连接起来，四周围绕着丰富多彩的观赏植物，眼前的美景让人感觉如置身天堂。

“温泉之路”引领人们穿过一条40米宽的景观长廊，就像整个景观的入口。狭长的景观是为了让人们在此之后体验更大的惊喜。

象征着神话中的特色水景——羊角雕塑，正源源不断地向外喷出代表好运的泉水。而一座充满巴厘岛风情的岗亭坐落在前，周围种植着灌木，点缀着兰花和其他色彩鲜艳的时令花卉。

一个连接着多条通往小区内部通道的回车道将入口与内部的不同区域连接起来。而道路的弧形设计能让人感觉到家的温暖。

“福佑之水”是廊桥水岸的核心，同时也是它的骄傲。其流线型的布局象征了本项目尊贵、宏伟的光环。四个水池则组成了台阶式的跌落水景。

中国广州金碧湾

项目地址：中国广东省广州市
开发商：恒大集团
设计面积：33 022 m²
设计单位：广州科美设计顾问有限公司
主要设计人员：陈巧

项目说明

金碧湾小区位于珠江白鹅潭附近，三江汇聚，拥揽水天一色的无敌江景，其地理环境优越，属纯江畔豪宅社区。该项目总规划面积近10万平方米，地形呈长L型，由小高层、高层等十多栋楼宇组成，建筑形式以庄重典雅、雍容大气的欧式风格为主。小区景观设计结合总体布局，考虑从江景到园景的空间过渡，运用丰富的亚热带景观植物，精致新颖的环境艺术小品，质朴的石材与柔和的色彩，并融合传统的造园技法，精雕细琢，使景观与建筑和谐统一，人文与自然交相辉映，营造一种充满地中海式休闲风情的园林小区。

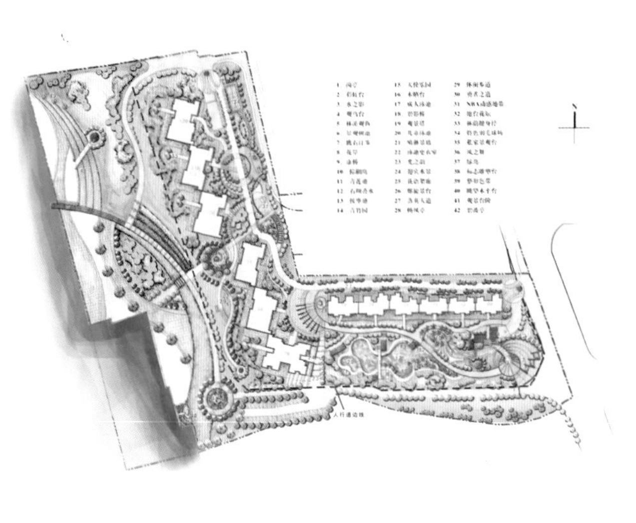

金碧湾景观设计构思以海韵风情泳池结合自然生态水景为主要线索贯穿整个小区，配以宽敞的立体叠级喷泉广场，美轮美奂的特色喷水景墙，还有石桥、木平台、林溪观鱼、花语架廊、畅风亭等一系列丰富又尺度宜人的园建小品，掩映于园林之中，同时因地制宜为住户设计不同的活动空间和设置。运动设施有热谷运动区、天使乐园、健身步道等，并将这些功能设施融入景观之中，形成良好的视觉效果和层次丰富的体验空间，动静结合、疏密得当，移步异景，使整个小区洋溢着亲切和浓厚的生活气息，使人充分享受人与自然交融的生活理念。

种植设计方面，比较注重人在不同空间的心理体验与感受的变化，多种乡土树种，强调植物季节间的巧妙衔接，以满足社区居民欣赏、游憩、居住的需要，做到全年有景可赏。充分运用其植物的特性、形态，结合水体、小品、景石等自然景观元素，以疏朗、明快及多样化、多层次的设计手法，并通过借景、衬景、对景等不同的造景处理，来烘托各主题及赋予各自不同的意境。

整个小区布局紧凑，错落有致，层次明晰，各种植物全年青葱翠绿，各景观元素创造出具生命活力的多元化感悟空间，达到创造性和完美性统一，为住户提供了一个情趣盎然的休闲生活空间。

中国合肥海顿公馆

项目地址：中国安徽省合肥市
占地面积：35 142平方米
总建筑面积：259 902.71平方米
容积率：5.94
绿化率：22.20%
建筑密度：42%
设计单位：英国UA国际建筑设计有限公司

项目说明

一、项目概况

项目位于合肥市包河区马鞍山路以东，太湖路以南，望江路以北，东侧紧邻绿地海顿公馆二期住宅小区以西。马鞍山路为城市主干路，太湖路和望江路为城市次干路。

规划定位是建立地区性中心，是对马鞍山路核心段的有力发展和升华。结合狭长地带，总体上将四幢高层有序列分布，生活广场、下沉商业广场、地下精品休闲街、地上大型百货形成线状的商业带，把四幢高层有机联系起来，相互促进商业消费，共同塑造了一个和谐完整的商务办公综合体的形象。建筑之间有逻辑上的相互关系，但在形体上相互独立，便于分期开发和不同物业管理。

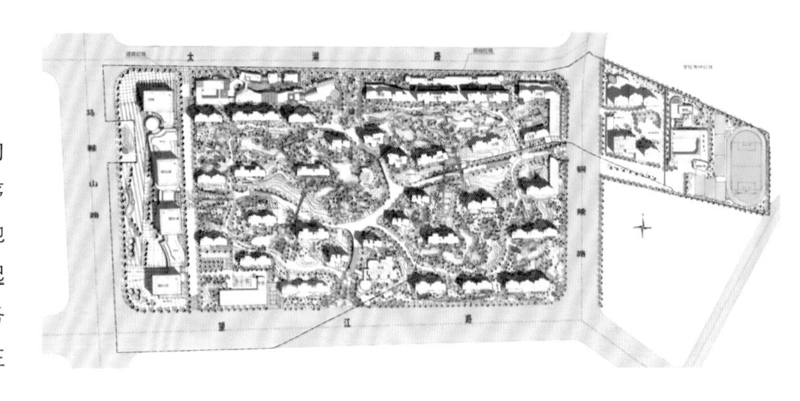

本着以人为本的原则，有效地组织了各种流线，避免车流、货流、人流的交叉，并且使人流、车流、货流快速、高效地疏散。利用原有地势南北高差，合理组织商业人流，达到二层商业一层效应。

二、绿化景观

结合场地和建筑布局，兼顾周边道路和住宅区，流线型、多层次、疏密相间的立体绿化布局是本设计的主要特色和手法。

景观营造要和规划设计相配合，集中景观和组团景观要互相渗透。突出各个功能分区个性特征，以完整的整体设计，使优美的自然环境同现代气息融为一体，形成具有特色的商务办公环境。

中国南通中南·军山半岛

项目地址：中国江苏省南通市星湖大道南侧（瑞慈医院对面）
占地面积：230 000平方米
总建筑面积：280 000平方米
开发商：南通华城中南房地产开发有限公司

项目说明

一、项目概况

项目位于星湖大道、瑞慈医院南侧，毗邻国家AAAA级狼山风景区（含军山、狼山、剑山、黄泥山、马鞍山五山及园博园、滨江公园），东为南通经济技术开发区，北邻南通中央商务区（为同一家开发商）、体育会展中心、南通行政中心。整个小区占地230 000平方米，建筑面积为280 000平方米，规划为山水景观重叠别墅以及少量的花园洋房。

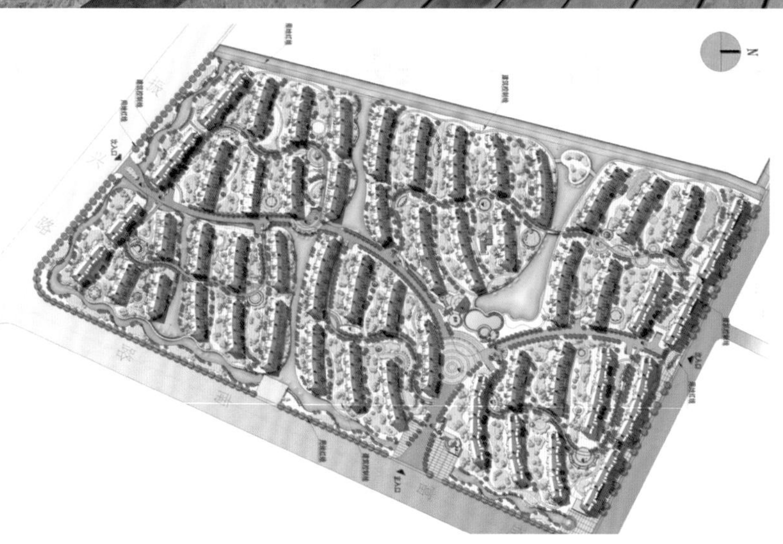

二、规划设计

小区内贯穿南北的河道是自然河道，水源来自项目本身的自然河流民主港河，这条将在社区内流动的河道将项目分为不同风格的七个岛屿。

“一湖七岛”的设计灵感来源于地中海自然环境，把所有房子都建在这些各具风情的岛屿上，充分理解岛居生活的真谛，营造出绿色生态的人居环境。地中海是世界上最大的陆间海，“一湖”相应指地中海，“七岛”相应指的就是围绕着地中海的七个国家（西班牙、法国、摩纳哥、意大利、波黑、斯洛文尼亚等）。

“七岛”上的绿化风格各异，每一个岛上的绿化都秉承了18、19世纪欧洲一些著名画家的创意精髓，让小区的每一位业主在小区的每一个角落都可以感受到不一样的异国风情，享受来自欧洲的人文情致。

中国天津国耀·上河城

项目地址：中国天津市
开发商：天津市双盈房地产开发有限公司
设计单位：SED新西林景观国际有限公司

项目说明

一、设计理念

设计注重人文与自然的完美结合，营造惬意舒适的居住环境，以提高小区居民的生活品质；定位于“现代法式宫廷园林”高端尊贵社区，利用法式造景手法，结合现代文化艺术，强调创新性、参与性的表现方式，冠以法国浪漫主义情节，使居者于此享有如法兰西人般的悠然惬意的生活气质。景观设计旨在打造浪漫艺术故土，赋予景观灵魂与内涵，诠释自然古典之奢华臻品。

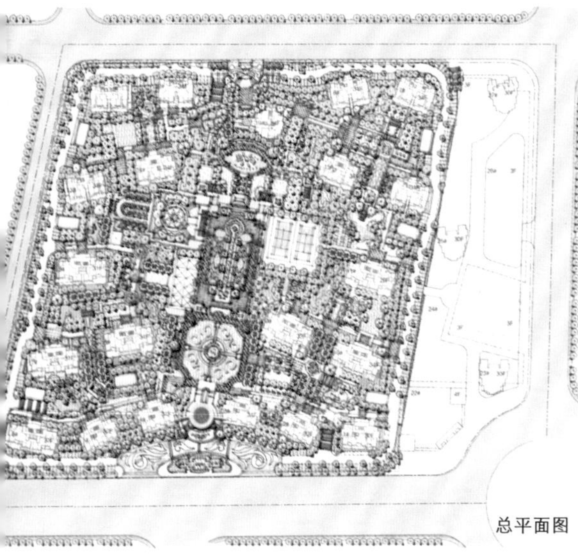

总平面图

二、主入口设计

主入口独特的空间布置形式长产生了独特的景观效果，成为整个小区的亮点。首先在空间布局上大胆地尝试管理口后移，在一定程度上增大了主入口的开放性空间，使小区的展示面扩大。整个空间给人一种大气尊贵的感觉。从外到内分三个层次设计，先是临近马路的大型喷泉水景和大型雕塑，再是两侧的跌水水景，配以卫士雕塑，有极强的仪仗感和仪式感，最后是结合地形和建筑而做的门厅，成为小区的前客厅。

细节处理现代时尚，同时配以华丽而艺术的装饰，呈现出一种皇家般尊贵感。严谨有条理的秩序，使得都市快节奏的生活步调瞬间转换至一种优雅徐缓的高贵格调中，充满仪仗感的风景带给居者宛若君主的礼遇。

三、设计手法

整体景观设计借鉴规整的对称式手法，打造古典大气轴线景观。以轴线为贯穿整个社区的主要步行体验路线，连接小区主入口和次入口，途经枫丹白露花园、圣心广场，到达海神泉。采用规整、对称的表现手法，通过水景、树阵以及具有法式风情图案的铺装和几何图案化的绿化，塑造出精致典雅的轴线公共活动空间，强调了整个中心轴线的关系。

同时，通过结合地库所营造的下沉式空间以及对局部架空抬高的处理，形成回廊与会所结合的空间效果。广场上利用线形水景，给人以扩张感和延展感，并与两边的大型跌水相呼应。整个主轴既有横向开合，也有纵向的高低错落，从而营造出一种台地式的丰富空间体验效果和齐全的功能设置区域。整个景观效果层次丰富、大气，大大提升了小区的品质感。

四、景观节点

1. 枫丹白露花园

该花园拥有开阔的草坪空间、休闲廊架、别致的雕塑小品、丰富的地面铺装，可供人们健身、表演、交流，是一座乔灌结合的绿色生态立体园林。

2. 圣心广场

穿过枫丹白露花园就是下沉式的圣心广场，它与枫丹白露花园高差相差4米，利用这一高差做瀑布处理，很好地解决了垂直面的呆板、无味，使景观效果大大提升。同时，此广场连接会所和泳池，外面的瀑布为会所带来良好的视觉效果和听觉效果。广场宜人的尺度为会所和交通口提供了疏散空间以及休闲空间。圣心广场中心有一个长条形水景。跳跃的涌泉和精致的小品在两边优美花园的衬托下，显得格外妖娆多姿。同时在视觉上强调了轴线的延伸感，为整个下沉广场增色了不少。穿越其中的人，备感宁静舒适。

3. 海神泉

海神泉作为中轴上的又一高潮，是整个中轴乃至整个小区水景的升华，成为中轴的焦点。

中国海口柏斯·观海台一号

项目地址：中国海南省海口市
景观设计面积：89 041平方米
开发商：海口苏格兰柏斯房地产开发有限公司
设计单位：广州市太合景观设计有限公司

项目说明

一、环境设计

根据规划原理，在小区空间环境分布上采用了“一个中心，两个要点，三个整体”的空间布局概念。一个中心是指在小区的中心空间地带设置了一个主体景观，利用建筑、植物和水景组织一个具有独特景观的公共空间环境；两个要点是指两个小高层组团景观区，作为组团景观区域，环境品质的高低直接反映了小区品位的高低，所以这里也作为一个重点打造部分，力求以精致的细节设计来展现出组团景观区的环境效果，提升小区的整体环境形象；三个整体是指三个局部组团空间的设计，三个组团呈并列式空间，三者之间相对独立，所以从销售的角度、生活习性及消费心理等多方面考虑，以体现小区多元化空间和景观分布的均好性为出发点，将三个组团区域设计成各有特点又遥相呼应的居住空间，或潺潺流水，或浓荫叠翠，每个空间都洋溢着小区里面品质生活的写意。

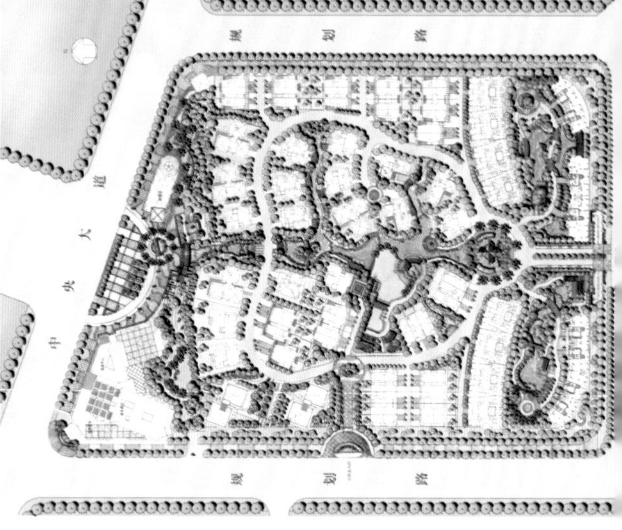
规划路
中央大道
规划路

浅水区

中国东莞万科城市高尔夫花园

项目地址：中国广东省东莞市
设计面积：27.5万平方米
委托方：东莞市万科房地产有限公司
设计单位：SED新西林景观国际有限公司

项目说明

东莞万科城市高尔夫花园位于东莞市寮步横坑，为了凸显城市高尔夫花园的高端定位，针对前五期工程进行整改，对六、七期为主进行景观设计，以东南亚现代、艺术、繁华的都市为目标，努力营造出水的气氛，设计拥有亲水性、自然性、创造性的生活景观，突出情调、品位、优雅、休闲的游泳会所，营造“禀赋阳光的灵感、纯粹休闲的栖居”的意象情感，塑造一种理想的、符合文化价值取向的生活模式。

城市高尔夫花园六、七期整体上以现代东南亚风格为设计基调，处理好由建筑山墙面围合而成的公共空间，形成南北走向的主要景观轴线，同时宅前小空间的处理考虑更多的是如何通过道路的转折和小空间的收放形成错落有致、充满趣味的住宅景观。现代的东南亚风格创造出鲜明的社区形象，利用景墙、水景、特色的雕塑、肌理变化、空间变化等讲述了现代的东南亚风情与简洁时尚的幽雅情调。

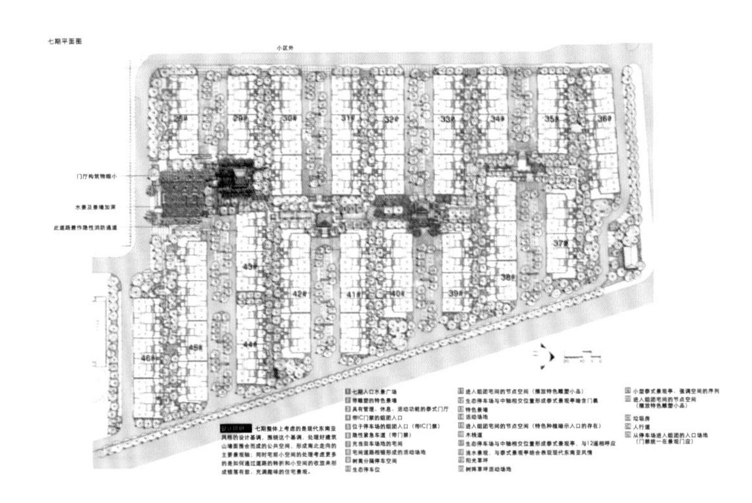

万科城市高尔夫花园独有风情水景区，极具现代东南亚风情的深邃，尊重原生地理环境，并加以改造，以“水”作为园林设计主要元素。引入循环水景，营造多重景观体系；结合东南亚特色文化，热烈中不乏含蓄妩媚，蕴含着神秘兼具平和与激情及自由悠闲、简洁优雅的构筑风格，通过简练的装饰，利用简洁的线条使空间洋溢出一派热烈的东南亚简约风情，以自然的手法打造出充满现代气息的东南亚简约风尚新式景观空间。

值得一提的是，六期的水景景观以泳池为中心，整个泳池区域的设计采用移步换景的手法，充分将对景、障景等造园技巧运用其中，结合绿化作为背景，使景观具有丰富层次。全景生态泳池、SPA区棕榈道、有氧健康步道、精致花卉、观景廊架、休闲廊架等功能区形成丰富多彩、层次鲜明的水景景观。

中国南京玛斯兰德

项目地址：中国江苏省南京市将军大道8号
占地面积：480 000平方米
总建筑面积：258 600平方米
绿化率：60%
开发商：南京金陵置业发展有限公司

项目说明

玛斯兰德位于南京翠屏山风景区内，东起将军路，西傍韩府山，北临麻田一路，南临麻田二路，从新街口驱车只需不到20分钟，周边步行可达成熟商业生活配套区域。

项目规划建设500余幢双拼及独栋别墅，东北角靠将军路沿线有一条美式风情商业街。有着南京地域特色的梧桐环路将整个社区分成了若干街区。主环路外围部分主要由风格各异的双拼别墅构成，间以少量院落式小独栋别墅，充分表达均衡和丰富；山脚下绵延到半山坡上的是豪华山体别墅；主环路以内被山上蜿蜒而下的溪流自然分割成5个花冠状的半岛街区，花冠的内核由若干个4个1组的院落式小独栋组成；花冠外围溪流沿岸是一些豪华型独立别墅，围绕主题公园及中心会所，坐镇社区的核心位置。

玛斯兰德依据水景、树木走势将建筑融入景观，确保社区整体性和叙事性，给人震撼。遵循生态原则，悉数保存原生的梧桐树贯穿玛斯兰德。

中国成都汇融·悉尼湾意境区

项目地址：中国四川省成都市新都大丰北新干线西侧
占地面积：约为22 398平方米
设计单位：成都景虎景观设计有限责任公司

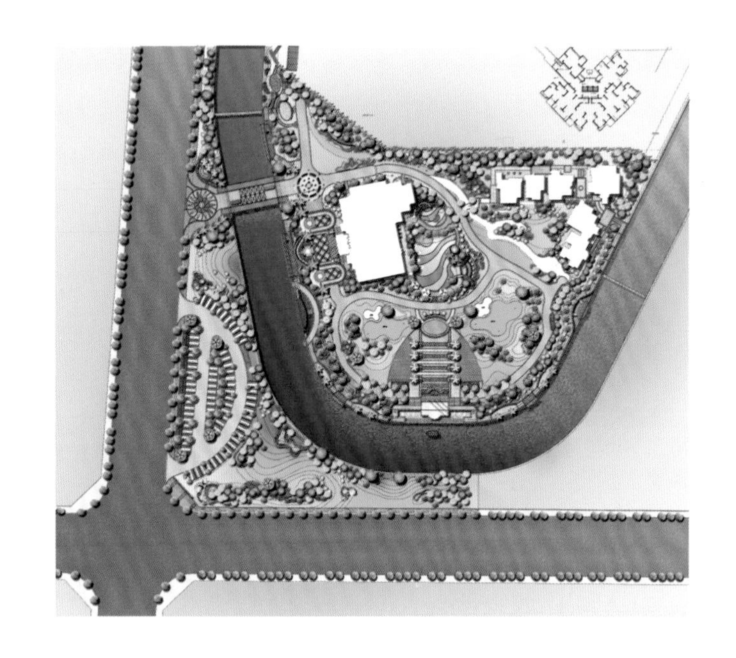

项目说明

一、概况

悉尼湾项目意境区位于新都大丰北新干线西侧，地段开阔，曲水环绕，交通便利。规划用地总面积22 398平方米。

二、设计理念

设计根据“悉尼湾”的项目名称，描述了一个以“库克船长历险记”为主线索的故事，将“如今，我们发现悉尼湾”注入景观销售设计的灵魂，如此这般，一个“澳洲风情休闲景观”的主题场景便展现在众人面前。

悉尼会馆

意境区的滨水景观带是该设计的重点，亦将是永久存在的景观带。因此，整个景观设计以功能为主，以多方面满足人们的需求为核心。整个意境区共分为七个部分：主入口与运动公园、丛林探险、发现新大陆、艺术走廊、下沉剧场、库克的后花园和休闲运动景观区。

中国上海苏堤春晓

项目地址：中国上海市

总建筑面积：220 000平方米

开放商：上海农口万盟房地产开发有限公司

设计单位：上海现代建筑设计集团工程建设咨询有限公司

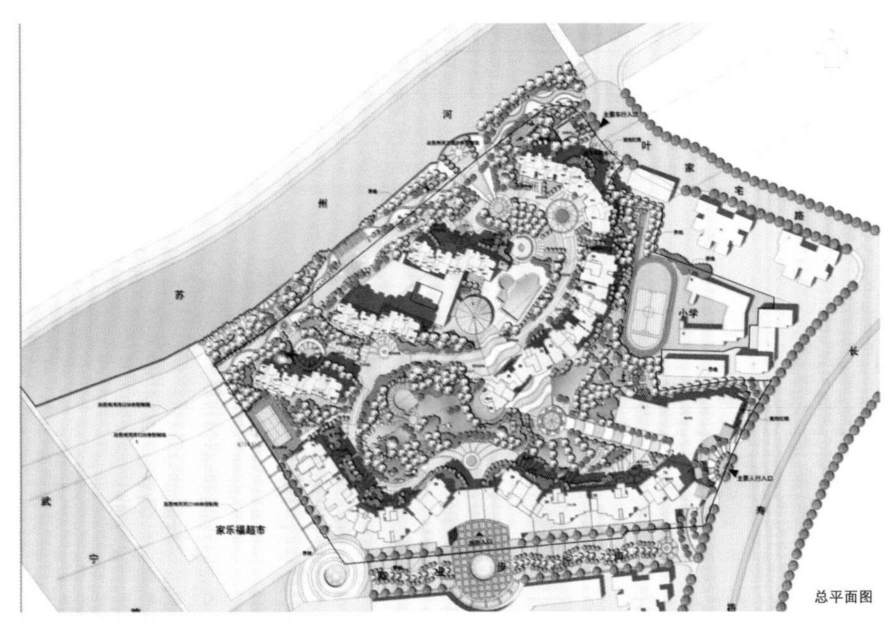

总平面图

项目说明

苏堤春晓住宅小区工程，位于上海普陀区长寿路，北临苏州河，为打造一个真正的亲水楼盘，景观设计紧紧围绕“水”这个主题展开。小区景观设计力求大气自然，追求“虽由人作，宛自天开”的自然意趣和人文内涵。

景观设计中设置了多处圆形叠水池、叠水喷泉、叠石瀑布等水景小品，与茂密的林荫大道、挺拔的热带树、丘陵状起伏的草地组成一道生机勃勃的绿色风景，树阵、水池、小桥相映成趣，颇有“绿荫深处有人家”的怡然。在沿河景观设计上，采用台阶状亲水平台，块石错落，别有韵味。沿河西行有一个木质的亲水平台，平台上种植的水杉树阵，与花坛绿地、蓝天绿水形成了宁静的河畔风光。

中国南通万濠华府

项目地址：中国江苏省南通市
占地面积：约75 300平方米
景观设计面积：约为60 200平方米
开发商：南通万通置业有限责任公司
设计单位：东大景观设计有限公司

项目说明

该项目位于南通市城区，地处任港路与孩儿巷路交界处。建筑以中轴式对称布局，形成东、西两大主要景观庭园。小区建筑色彩以暖色为主导，搭配稳重的深咖啡色材料。

设计师以“还原庭院空间，营造亲切家园”为设计理念。同时，运用现代的新装饰艺术主义设计风格，注重质朴、大方的建筑语汇和实用功能，采用变化的空间模式，从而引发无限的空间遐想。

整体设计以绿为主，大量的、有层次的绿化丰富了居住者的生活空间。在东区，喧闹的活动场地被设置在庭园的中部，各类型活动场地沿水溪逐渐展开，形成清新宜人的亲水环境。在西区，设计师利用宽阔的庭园空间打造开阔的大水面，沿水岸东南侧有一条木栈道，形成了开放的视线空间，为居住者提供了舒适的亲水休闲活动空间。

中国三亚鲁能·三亚湾美丽城

项目地址：海南省三亚市
占地面积：20 000平方米
总建筑面积：40 000平方米
开发商：鲁能集团
设计单位：上海水石建筑规划设计有限公司

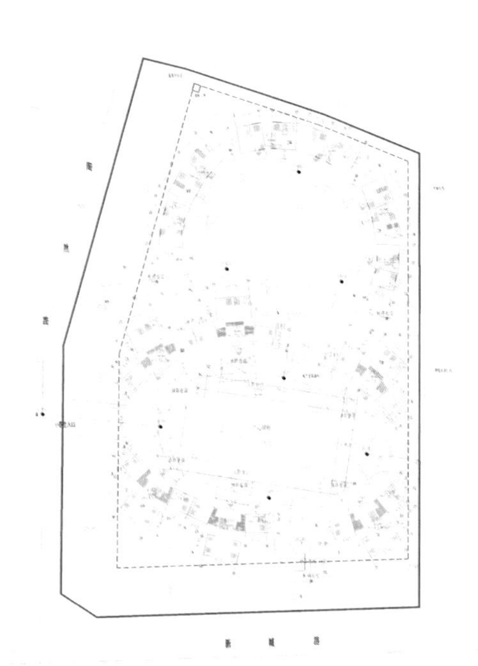

项目说明

一、区位介绍

该项目位于三亚市西侧，新城路以北，距离三亚市中心约10千米，向北距离凤凰机场不足10分钟车程，交通十分便利。基地南面是三亚湾一线海景，具有得天独厚的地理优势。

二、规划设计

40000平方米的住宅建筑以小高层为主打，争取南向海景。整体项目的规划设计以景观为导向，通过合理的平面布局，提升每户住宅的景观完好性。

整个小区的建筑高度布局采用南高北低的方式，以景观方位及周边建筑高度为设计依据，形成了南侧15+1 层、中部11 层或11+1 层、北部6 层的建筑布局。从而既与南侧的现有高层建筑群相呼应，又逐步过渡到与北侧的高尔夫景观及多层住宅区相协调。

三、景观设计

在1.7 万平方米的景观塑造中，该设计充分挖掘基地沿海的地域特征，结合建筑规划布局，考虑小区的功能特点，运用泳池、水溪、水景、廊架、凉亭、风情化雕塑小品等景观元素，使这里散发着浓郁的热带风情，彰显着精致的生活品位。

中国高要珀丽湾

项目地址：中国广东省高要市
规划面积：22 400平方米
开发商：肇庆信业房地产发展有限公司
设计单位：广州山水比德景观设计有限公司

项目说明

项目整体规划以人为中心，注重社区空间的序列感和层次感，对西班牙地中海风格进行了充分的挖掘，整个景观体现华贵而沉稳的风度，营造出既雍容古典又不失自然亲切之美的西班牙风格。

景观展现在场地规划的精准完美和宁静整洁的天地“大美”之中，而这种不露声色的“奢华”正是高尚居住示范区品质的精髓所在，最终打造出充满浓郁的西班牙风情的高端示范区景观。

中国厦门蓝湾半岛

项目位置：中国福建省厦门市海沧大道与沧虹路交汇处
占地面积：45 916平方米
建筑面积：133 247平方米
容积率：2.47
绿化率：36%
开发商：中骏置业控股有限公司
规划设计：厦门上城建筑事务有限公司
建筑设计：厦门上城建筑事务有限公司
福州市建筑设计院厦门分院
景观设计：贝尔高林国际（香港）有限公司

项目说明

蓝湾半岛位于厦门海沧大道面海第一排，有着稀缺的海景资源，海沧大桥近在咫尺，规划中的海沧大桥引桥将直抵沧虹路，大大缩短蓝湾半岛与厦门城市中心的距离。

普吉岛风情园林以中央泳池为中心向外辐射，使它面朝大海，让客户强烈感受到充满浓烈异域风情的春暖花开。中央泳池、标准网球场、儿童乐园、篮球场组成一个泛会所，不断丰富蓝湾人的健康生活。透过树梢飞转的架空层，看到风景旖旎的滨海水景带和一望无垠的大海，全海景会所，VIP健身美体中心，直饮水，背倚政府统一规划的绿苑大规模社区，尽享生活、教育、医疗等完善配套。

中国济宁森泰·御城

项目地址：中国山东省济宁市
设计单位：广州市太合景观设计有限公司

项目说明

一、整体规划

在进行设计的规划前，首先确定了三个设计的基本要点：

① 景观规划的规范性和合理性；

② 景观设计的实用性和经济性；

③ 景点分布的均好性和景观效果持续性。

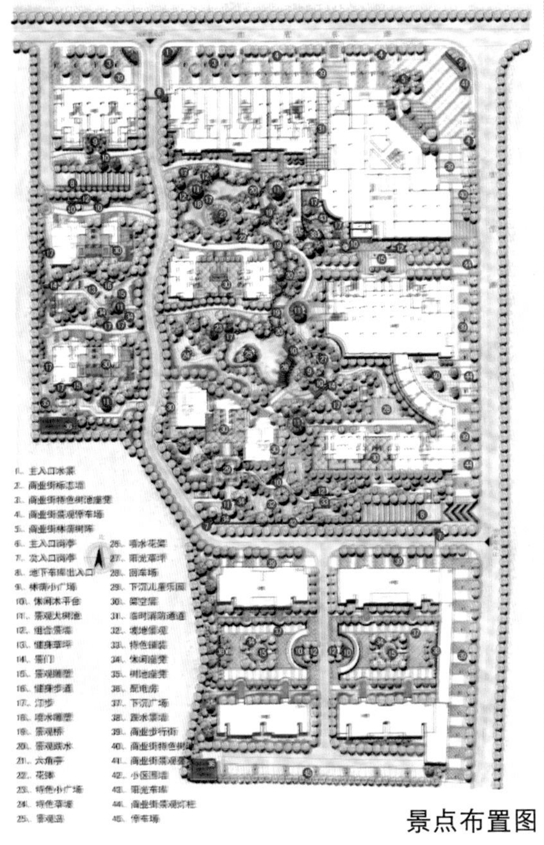

景点布置图

二、环境设计

根据规划原理，在小区空间环境分布上，采用了“一个中心，两个要点，三个整体”的空间布局概念。

一个中心是指在小区的中心空间地带设置了一个主体景观，利用植物和水景组织一个具有独特景观的公共空间环境。

两个要点是指商业街景观与入口景观，作为外部景观区域，环境品质的高低直接反映了小区品位的高低，所以在这里也作为一个重点来打造，力求以精致的细节设计来展现出外部景观区的环境效果，提升小区的整体环境形象。

三个整体是指三个局部组团空间的设计，三个组团呈并列式空间，三者之间相对独立，以体现小区多元化空间和景观分布的均好性为出发点，将三个组团区域设计成各有特点又遥相呼应的居住空间，或潺潺流水，或浓荫叠翠，每个空间都洋溢着小区品质生活的写意。

画家工艺

中国西安兰乔圣菲

项目地址：中国陕西省西安市
设计单位：上海中讯文化传播有限公司

项目说明

兰乔圣菲是以纯正的西班牙风情为主题的高档社区，占地面积约为5.5万平方米，建筑面积约18万平方米。整体规划抛弃了北方常见的兵营式布局。以人为尺度，注重社区空间的序列感和空间层次。建筑上对西班牙典型的地中海风格进行了充分挖掘，整个社区体现出华贵而沉稳的气度。

沈阳 巴塞罗那

项目地址：中国辽宁省沈阳市铁西区云峰北街36号
占地面积：108 000平方米
建筑面积：270 000平方米
容积率：2.5
绿化率：36%
开发商：沈阳西华赛维莱房产置业有限公司
规划设计：西班牙法莱阿尧斯建筑规划设计公司
建设设计：新加坡ASP建筑设计事务所
景观设计：加拿大DFS景观设计公司

项目说明

巴塞罗那坐落于云峰北街和北四东路交汇处，是铁西新区的CBD区域，同时处于铁西新区规划中的“西部十字金廊”的核心区域，且地铁一号线云峰街站位于项目的东南角。

东环地产

巴塞罗那

中国上海绿城·玫瑰园

项目地址：上海绿城森林高尔夫别墅有限公司
占地面积：850 000平方米
设计单位：美国SWA集团

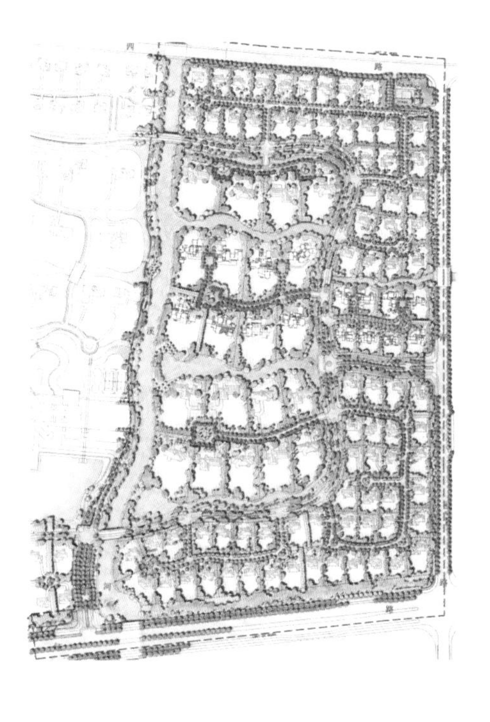

项目说明

项目一期有239栋独立别墅和高档场所，全部都坐北朝南，尽享正前方的水景。设计的理念旨在创造出一个可以让人联想起19世纪20年代上海别墅的地方。坐落在森林中的别墅带有一种欧式的味道，邻近的场所和公共区域的安全和隐私通过建造高围的小路和墙壁而得到了保证。

项目二期中占地面积约27 000平方米的俱乐部会所成为主入口的视觉焦点，也是整个住宅区的中心。景观设计的主旨是为居民创造娱乐放松的外部空间。同时，景观形式与俱乐部会所结构融入了森林和以水为主的自然感觉。

中国上海佳兆业·香溪澜院

项目地址：中国上海市奉贤区
设计单位：上海奥斯本景观设计有限公司

项目说明

佳兆业·香溪澜院位于上海市奉贤海湾旅游区，作为一个兼具旅游和度假双重功能的项目，在景观上将体现海湾旅游区的特色，运用各种海洋元素来创造独特景观。项目运用景观空间来讲述故事，将各个景观空间用一条故事轴串联起来，每个不同的节点景观都有可识别性，给人不同体验，而整个项目给人的感觉更像一个主题乐园，让人在景观中体验到更多互动的乐趣。

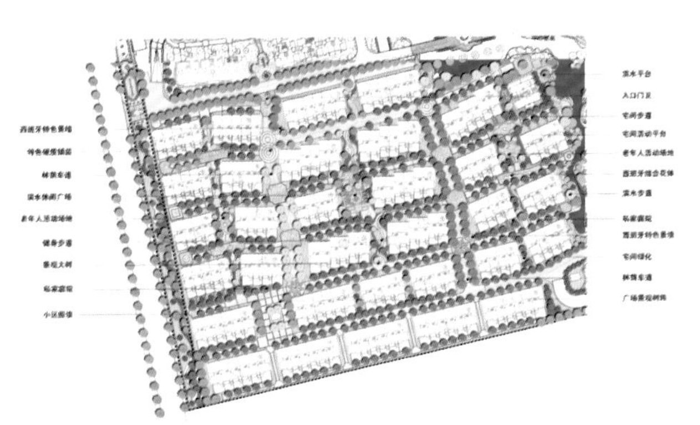
西班牙特色景墙
林荫车道
亲水休闲广场
老年人活动场地
健身步道
景观大树
私家庭院
亲水平台
入口门卫
宅间步道
宅间活动平台
老年人活动场地
私家庭院
西班牙特色景墙
宅间绿化
林荫车道
广场景观树阵

采用西班牙风格的独特性就在于其与众不同的色彩，用质朴的温暖色彩营造主题环境，用绚丽和丰富的细节色彩来让细部具有可看性。

优美造型：配合景观中茂密的植物，运用大量富有情趣的雕塑、景墙、喷泉，配合修剪过的植物，创造优美活泼的造型感。

取材质朴：为了体现原味西班牙风情，在景观中放置具有传统西班牙味道的手工质感陶罐、铁艺、圆角厚墙，给人亲和感和自然感。

中国郑州龙源世纪花园

项目地址：中国河南省郑州市
占地面积：58 817.07平方米
总建筑面积：147 042.67平方米
容积率：2.50
绿化率：38%
设计单位：英国UA国际建筑设计有限公司

项目说明

一、项目概况

本项目位于郑州市华山路西和陇海路西路交会处，交通方便，周边环境优雅。北面隔路相望是餐饮与娱乐场所，南面是已经建设完工的多层小区，西面隔规划路是房地产开发公司正准备开发的地块。本项目占地58817.07平方米，以16层的高层住宅为主，住宅建筑面积为113268.67平方米，沿道路设置2~4层独立式高档商业和3~5层集中商业共计32890平方米，同时设置一个幼儿园和会所共计884平方米。

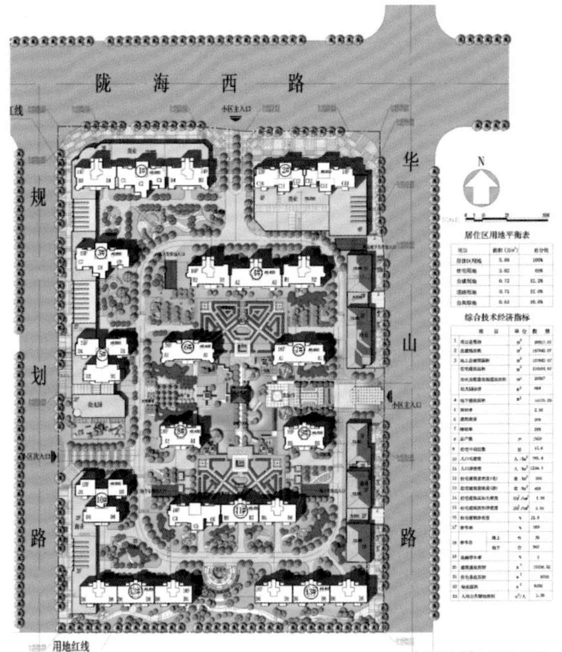

规划总平面图

二、景观设计

整个景观设计强调整体的人文主义关怀，无论是空间的开与合、节奏的变化、色彩的韵律都遵循简洁的原则，使景观显得大气，使人感觉更加舒适。小区中间吸取西方园林简洁、大气、布局规整、讲究对称、均衡对景的特点，塑造出一个有修葺整齐的树篱迷宫，有典雅大气的景观主轴，有尺度宜人的树阵广场，有古色古香的小亭的西方园林景观。它命名为“香榭园”，这个名字来源于法国的“香榭丽舍”，彰显出本小区与众不同的典雅气质。

中国佛山万科·兰乔圣菲

项目地址：中国广东省佛山市
景观设计面积：130 000平方米
委托方：佛山市顺德区万科置业有限公司
设计单位：SED新西林景观国际有限公司

项目说明

万科兰乔圣菲位于广东省佛山市顺德新城区，总占地约13万平方米，是以联排别墅（TOWN HOUSE）和高层住宅为主的综合居住区。建筑风格取向有意打造西班牙小镇式居住氛围。环境景观设计营造出一种阳光灿烂，既雍容古典又不失自然亲切之美的风情小镇风格。其代表了一种阳光、悠扬、亲近自然的小镇生活方式。

由主入口进入，行至水景区便可影影绰绰地看到远处的风情会所，一切在自然景致中若隐若现。经过中心水景进入到会所区域，西班牙欧式建筑映入眼帘，会所前的几棵银海枣的点缀使得会所更具朝气和活力。

从会所的二楼露台俯瞰，一片蔚蓝的露天泳池，阳伞、躺椅、摇曳的热带棕榈，让你忍不住想拥抱这碧海蓝天。会所泳池由成人泳池、儿童嬉水池、按摩池等构成，特色景桥形成巧妙分割，又增添了趣味性。

联排别墅每户都拥有两个庭院——迎宾庭院和家庭庭院，迎宾庭院突出了客人的气氛，院门为仿旧铁艺门，家庭庭院则体现了家人交流空间的特点，同时有一定的私密性。双重院落分隔出与众不同的生活空间，这样的设计对于过客是美景的享受，对于家人更是舒适的生活空间。因阳光、鲜花的陪衬，使前后园的景观考虑很周全，通过庭院与道路及植物、小品的结合营造出四季有景的生活氛围。

社区西南角是一块亲近自然的阳光草坪，其圆形廊架、绿地、景观树等围合的宜人空间，适合周末开展社区活动，尽情享受阳光。低坡屋顶下，那种平和淡泊的心境氛围，只有真正的名士巨贾才能心领神会，视为知己。

中国深圳龙园意境华府

项目地址：中国广东省深圳市龙岗区布吉镇布龙路与景芬路交会处
占地面积：87 693.54平方米
总建筑面积：198 473.42平方米
开发商：深圳市龙园山庄实业发展有限公司

项目说明

龙园意境华府设计沿用了意大利建筑的文化内涵，在设计中巧妙融入了对建筑力学定律和绘画透视效果的理解，运用错落的手法，将元素组合，创造出明快、时尚、富有特色的意式风格，形成自然华美的建筑印象，从而成就了传统意大利风格中雍容华贵的特点。

在龙园意境华府，在以鲜花和草地营造的主景观轴上，每栋建筑就如同树木般生长其间。我们并没有因为对土地的浪费而忽略了对建筑本身的研磨。意大利皇家贵族的巴洛克建筑，与园林的华贵鲜花璀璨比肩，线条圆润中又勾勒着时间的落差，与园林的每个组图的风格相呼应。

斑斓的彩砖路点缀脚下，别墅沿着园中流淌的河道水系铺开，花木营造的立体芳香境界，龙园意境华府转角即是风景，坡地的起伏角度成为传世画面，掩映其间的别墅第一次成为了自然的配角。别墅的天赋高度慢慢释放，用时间去欣赏亦远远不足，唯有心灵的契合才能领略非凡的意境。

中国深圳山海语林

项目地址：中国广东省深圳市

设计单位：澳大利亚奥森环境景观（深圳）有限公司

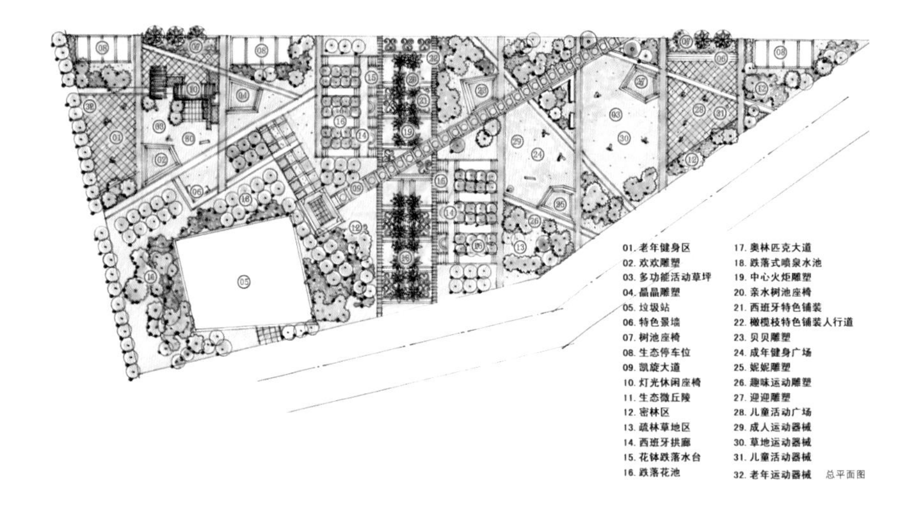

总平面图

项目说明

红瓦白墙，阳光与建筑相互交融，这瞬间，无疑让人联想起西班牙内敛、高贵、极具品位的建筑风格。蓝天下大片附有台地变化的住区绿地景观，主入口连续、多变、庄重的西班牙式筑景塑造以及大片草坪广场和果岭式绿地等优美场景，与现有建筑的风格、品质、定位，丰富的地形变化及充足的采光条件相辅相成。这里出现的是一个高品质，具有文化风情的人居环境，一个具有典型西班牙风格的现代景观设计。

带着这样的视角去思考本次设计，既需要摆脱乏滞的定式思维，同时需要充分畅想，因为西班牙风格的景观设计细腻中带有感性，简洁中亦不乏品位，因此，项目的设计思路是由整体的分析到区域的划分，再到细节分析，把设计的意图充分地展现。以现代的设计手法来演绎西班牙风格的景观设计理念。

中国广州逸景翠园

项目地址：中国广东省广州市海珠区广州大道南
占地面积：400 000 平方米
建筑面积：11 004 000 平方米
容积率：2.41
绿化率：40%
开发商：合生创展集团有限公司
规划设计：香港巴马丹拿国际公司
建筑设计：香港巴马丹拿国际公司
景观设计：香港泛亚易道园林景观设计公司

项目说明

逸景翠园位于广州大道南，临近新城市中轴线，紧靠地铁二号线和三号线。占地面积约40万 平方米，建筑面积110多万平方米，107栋小高层和高层楼宇，呈东西排列式分布其中；超宽楼距设计。逸景翠园延伸万亩生态果园的生态气息，打造了15个果树主题园林、1 000米长林荫大道、10 000平方米“翡翠之恋”中央公园、2 000 平方米“都市女神”雕塑喷泉广场、架空绿化层等，绿化空间高达11万平方米。区内配套有3 000 米长时尚购物街，80 000 平方米8层大型商业中心，1所中学、2所小学、3所幼儿园、4所托儿所，超市、菜市场、邮局、派出所……生活设施一应俱全，是一座气势恢宏的海珠绿城，广州至尚生态文化于此积淀，居住的真谛在这彰显。

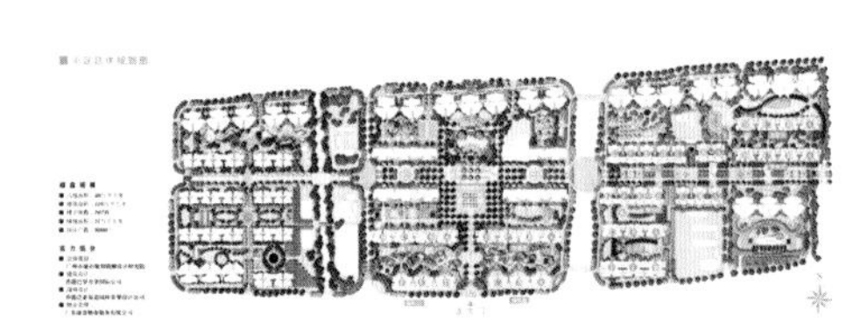

中国长沙金域·南外滩

项目地址：中国湖南省长沙市
委托方：长沙市新希望地产开发有限公司
设计单位：鼎泰园林景观（深圳弘道景观设计有限公司）
主要设计人员：祝志勇 刘绍兵 李志强 刘茵 应育展 邓玲

项目说明

金域·南外滩位于湖南省长沙市天心区火车南站南湖路，占据南湖新城中心位置。小区建筑由6栋21至26层的高层建筑围合而成，占地面积25346平方米，总建筑面积121486平方米，容积率3.85，总户数683。

面对建筑规划高达3.85的容积率和整体位于地下车库之上的不利造景条件，项目确定了“巴厘岛风情园林”为景观设计的主体思路，强调运用东南亚庭院的小空间造景手法处理相对琐碎的宅间组团。

值得一提的是，尽管建筑设计的密度偏大，设计还是通过早期景观规划预留了相对较大的中心组团空间，并设计了一座极具巴厘岛特色的大型半户外式泛会所，希望能够借此创造出景观体验的最佳场所，为业主提供一处优雅舒适的户外集中休闲交流场所，体现“倚景而生”的栖居理念。

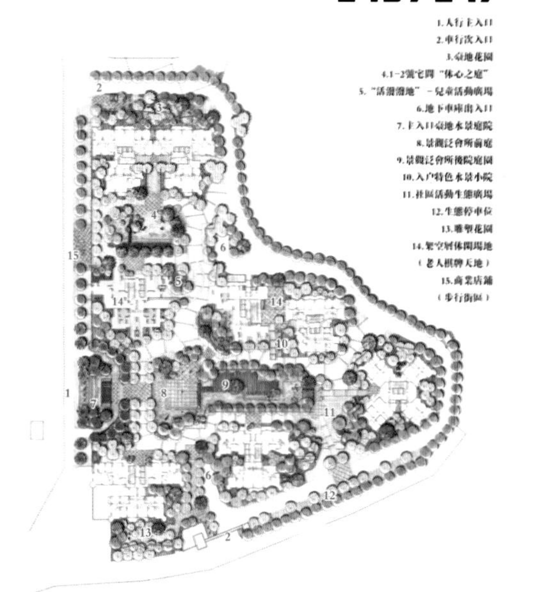

值得一提的是，尽管建筑设计的密度偏大，设计还是通过早期景观规划预留了相对较大的中心组团空间，并设计了一座极具巴厘岛特色的大型半户外式泛会所，希望能够借此创造出景观体验的最佳场所，为业主提供一处优雅舒适的户外集中休闲交流场所，体现“倚景而生”的栖居理念。

此外，还设计了项目售楼处庭院。虽然还是存在有类似高压线塔柱等不利因素的影响，但巴厘岛风格小庭院的造景手法依然在此取得了很好的效果：风格化的景墙与主体水景相搭配，辅以绿化和情趣性的雕塑小品，空间关系整体而富于变化，细节丰富且尺度相宜，浓缩体现了项目整体的设计理念。

中国福州正荣润城

项目地址：中国福建省福州市
占地面积：22 780平方米
设计面积：82 000平方米
景观设计：普梵思洛（亚洲）景观规划设计事务所

项目说明

规划设计从福州的社会、经济、环境与文化特点出发，充分考虑现代社会住宅使用者对居住环境的多层次需求，用品质创造属于时代，同时也属于地方的经典社区。

项目的建设将以其优美的空间环境、生态环境为居住空间的和谐因子，并以高雅、庄重的新古典主义建筑传承百年。

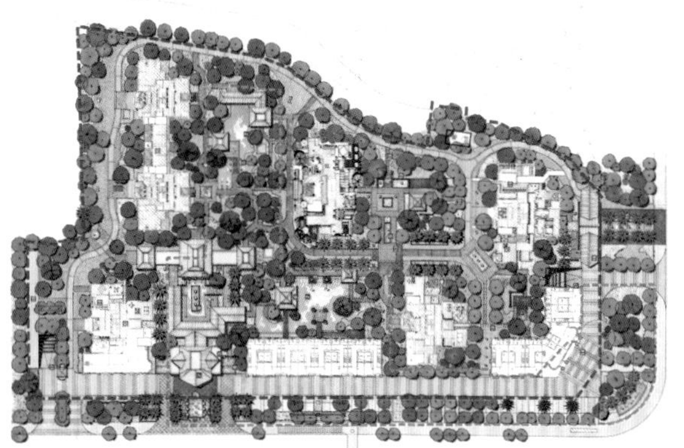

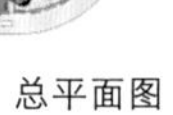

总平面图

项目最大的亮点就是景观设计，拥有目前福州市场上的第一个全地型泰式景观，让业主足不出户就可以享受到外国风情，回家就像度假。

景观设计主打泰式风情园林，以浓郁泰式风情营造出与众不同的内环境，柔化建筑线条及压迫感，创造适合人居尺度的空间。

风情就是想象空间，有想象就会触景生情，好的景观是与人能共鸣的，带人去想象的就是好的共鸣，异域风情化的环境更能带给人新奇的感受，让人向往与愿意停留，更有家的亲切感。

项目引进纯泰式景观，在大门的主入口处采用泰式建筑物，然后配以泰式风格的长亭，同时设有小品、喷泉等景观，配合我们自建的水系，在绿化区上种植东南亚树种，为业主营造一个纯泰式景观。

中国南宁荣和·中央公园

项目地址：中国广西壮族自治区南宁市
占地面积：47 618.93平方米
总建筑面积（不计容）：315 035.32平方米
总建筑面积（计容）：261 904.11平方米
容积率：5.5
绿化率：40%
开发商：广西荣和有限责任公司
建筑设计：深圳市清华苑建筑设计有限公司
主要设计人员：张涛　张昶　蒲饶卿　张琳　何国忠　王哲　刘运昌　葛双领

项目说明

本项目占地面积47 618.93平方米，基地形状呈不规则的刀把形。项目总建筑面积315035.32平方米，其中设计建筑面积为261 904.11平方米，包括14 859平方米商业及配套设施，整个项目总共包括1栋32层的商务公寓、11栋32～34层的单元式住宅和沿南侧东葛路的3层骑楼式商业和沿基地东侧的一条内向性商业街，以及2层地下车库。

整体鸟瞰实景

一、规划设计

规划平面上在满足退线要求的同时，尽量使建筑贴基地边缘布置，围合出空间最大化的内向性中心庭院。在竖向上通过台阶处理，将内部庭院抬高，降低外部城市街道的各种干扰，强化项目安静、休闲的都市花园特色。

发挥项目东葛路一侧临街长，东侧思贤路商业氛围好的优势，通过骑楼式沿街商铺和特色商业步行街，将东葛路和思贤路连接起来，发挥项目的商业利益，将项目的商业功能纳入到整个城市的商业空间中。

二、景观设计

从入口广场通过大台阶上到一个较小的平台广场，向东就进入中心花园，空间变得豁然开朗，加上住宅底层的局部架空，充分体现了小区内部中心大花园空间开阔的优势，通过一条景观步道轴线通向10#、11#底层的商业中心前的小广场，再向北到达由9#、11#、12#、13#围合出的后花园。整个公共景观系统变化丰富、景观轴线起承转合、空间层次分明。

景观设计重点强调景观节点和景观轴线的人工化处理，而边上的绿地则突出自然和自由的特色。体现南方景观设计中重视“水能生财”的习惯，结合中心花园内游泳池的设计，景观规划了一条人造水景通往入口广场，形成一个连绵不断的水体景观系统。

中国东莞常平万科城

项目地址：中国广东省东莞市常平镇
占地面积：660 000平方米
总建筑面积：440 000平方米
容积率：0.67
开发商：东莞万科置业有限公司

项目说明

一、项目概况

万科城地处东莞市常平镇规划新镇中心圈，常黄公路及环城路交汇处。该项目总用地面积660 000平方米，总建筑面积440000平方米，整体容积率仅为0.67，总户数为3123户，是万科在华南地区占地面积最大的楼盘。该项目共分六期开发，包含别墅、情景洋房、洋房等多样化产品。

常平万科城总体平面图

万科

二、景观设计

在园林设计上，设计师引进了最具舒适性、最适合东莞气候的泰式私家园林，并结合万科顶级别墅项目的园林设计经验，雕琢出纯生态的生活空间，尽显泰式风情园林的热情奔放。设计师结合建筑围合的中心景观区，强调大尺度的空间营造与小尺度的住宅体量形成对比，利用多层次布置的景观元素，将建筑掩映其中，弱化建筑的体量感，使其消失于自然之中。

中国郑州橡树玫瑰城

项目地址：河南省郑州市中州大道66号
占地面积：260 000平方米
规划设计面积：260 000平方米
景观设计面积：170 000平方米
开发商：河南民安房地产有限公司
规划设计：英国UA建筑设计有限公司
建筑设计：英国UA建筑设计有限公司
景观设计：香港捷奥建筑设计顾问有限公司
主要设计人员：杨大庆　Mr.Henry R.Relucio　黄洪海　李金芝

项目说明

该项目运用简洁的现代景观设计手法，多种景观元素的立体组合构成了整个景观体系。景桥、凉亭、喷泉、栈道等构成元素穿插设计于主轴水系中，动静结合，为人们提供了一个富有变化的玩赏空间；大气的阳光草坪和丰富的植物密林，为人们营造了一个享受阳光与空气的散步空间，颇有“采菊东篱下，悠然见南山”的意境。

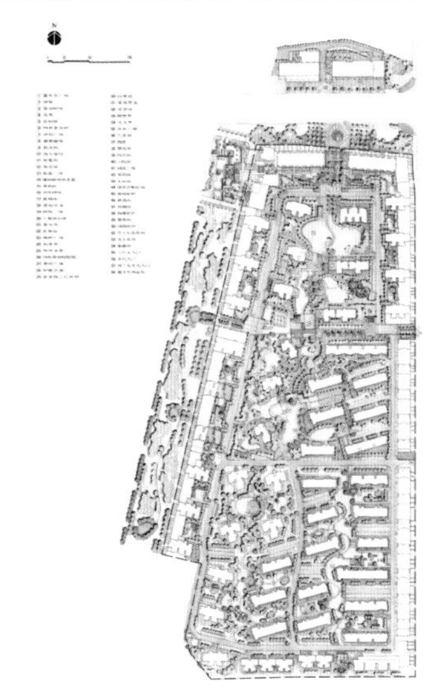

总平面图

OAK ROSE CITY
橡树玫瑰城
橡树之约·浪漫七夕party
8月22日19:00点橡树玫瑰城寓市一周年业主专场答谢晚会
63 31

BUILDING KING

中国南宁山水绿城

项目地址：中国广西省壮族自治区南宁市
占地面积：250 000平方米
委托方：广西荣和集团
设计单位：普梵思洛（亚洲）景观规划设计事务所
主要设计人员：姚茂奎　李结兴　黄东　叶红　潘执平　赵跃香　李冬梅　罗晓明　黄崴

项目说明

一、区位分析

山水绿城项目地块位于广西南宁市明秀东路北侧，东接狮山公园办公区，西临明秀路北六里，北至皂角村，北湖路东三里穿地块中部区域而过。地块内现有南宁市建筑材料装饰市场、部分企事业单位办公区、宿舍和厂房以及虎丘、皂角两个城中村。

基地毗邻狮山公园，坐拥天然城市绿肺以及紧邻南宁城市主干道的优越交通优势，同时存在地块及周边整体城市形象差，硬件配套水平较低等问题；以及基地被规划道路划分为四块区域，对项目整体性带来影响的局限，认识到本项目外部借用无任何景观资源的情况下，只有充分挖掘内部景观，才能打造和提升内部景观品质，为居住者提供一个良好的景观环境。

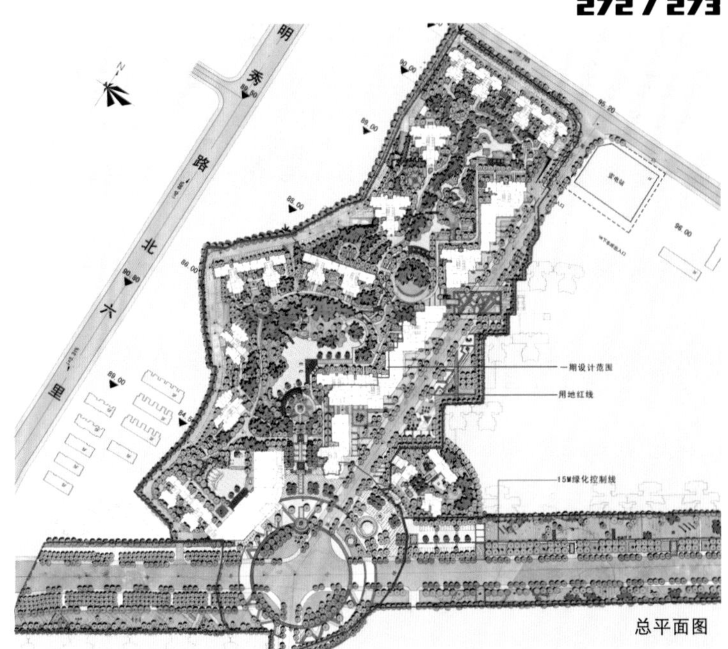

总平面图

二、设计理念

项目分别以古典和现代两种手法对本项目景观进行有区别和针对性的设计，具体设计范围是：对于会所泳池区域以及一期入口广场至中心水景区域的轴线部分，以古典手法设计，打造出一种华丽富贵之气势;除此之外的其他部分，项目以现代手法进行设计，两种风格融在一起，共同谱写出一曲法兰西咏叹调的华彩乐章。

中国从化珠光·流溪御景

项目地址：中国广东省从化市文峰塔公园内流溪河畔
占地面积：662 840平方米
总建筑面积：545 400平方米
容积率：0.67
绿化率：约40%
开发商：广州从化珠光投资有限公司

项目说明

一、项目概况

珠光·流溪御景位于广州市从化风景秀丽的流溪河畔，地处流溪河核心水源生态保护区，北揽1333万平方米文峰塔国家森林公园生态版图，南瞰3.2千米私属一线流溪河，是一个建筑面积达66万平方米的大型综合国际社区，包括稀缺河岸别墅、江畔洋房。

二、规划设计

项目规划“两带两轴三镇”的西班牙风情街区，并引流溪河活水绕区，原生自然山水与其中错落别致的欧式园艺、不同地中海主题的风情街道小镇相得益彰；不仅如此，项目更规划营造出两轴两线的园林风景带，并退让距河30米的空间，打造出世界标准的亲水公园。

项目采用地下通道直接连通车库，实现真正意义上的人车分流。地下通道两边全部为绿植，汽车尾气经绿植过滤吸收，危害性大大降低。

三、景观设计

沿流溪河一座拥有逾300米宽阔江面、3.2千米长的一线亲水公园逐渐展现在游人眼前，以樱花、杜鹃、木棉、梅花等珍贵植被编织成四季花海；以巧木栈道、花间小径结成河岸走廊；以景观亭、景观飘台组成亲水休闲平台。主题为西班牙之魅的街区上，以红色植物为主，营造热情奔放的精彩气度。喷泉、雕塑、铁艺座椅点缀街区，更具欧陆风情。

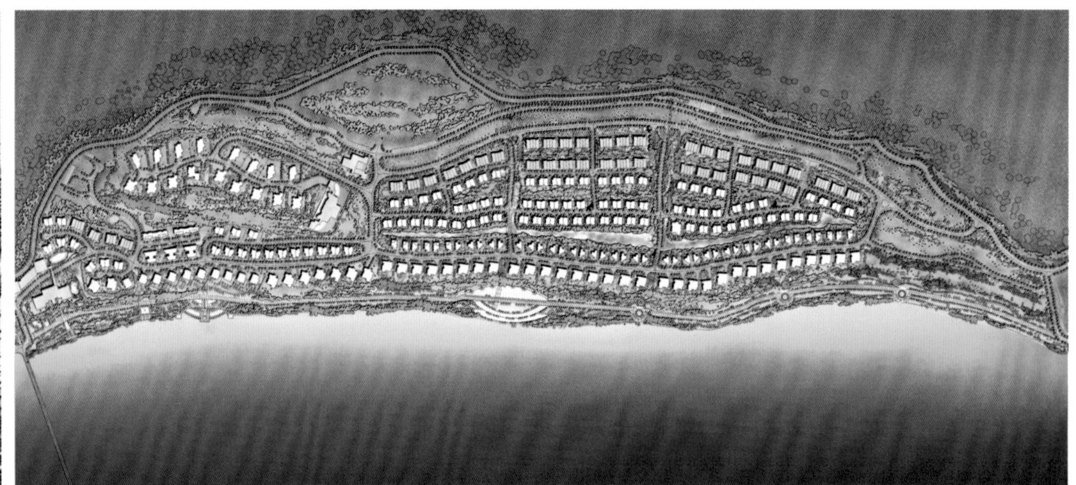

中国珠海珠光新城

项目地址：中国广东省珠海市
占地面积：约630 000平方米
设计单位：SED新西林景观国际有限公司

景观总平面图

项目说明

珠光新城位于珠海新的城市次中心区—— 金湾区红旗镇内，项目占地面积约630000平方米。北临白藤三路，南临白藤二路，左南正处在珠海西区的几何中心上，是珠海“城市西拓”的发展前沿。

这座坐落在中国南端的海滨城市的西班牙风情小镇，融合西班牙特有的地中海风情，以“阳光丽岛，水岸生活”为主题，外借远山大河，内创树环水抱、水岛环绕的多重立体景观，水系在社区贯穿汇流，园林组团点缀其中，做到户户临水而居，尽览美景。

基于对周边的楼盘现状的考察和评估，为了配合建筑风格，并且与周边楼盘实现差异化竞争，达到项目的价值最大化和品牌提升的目标。设计以西班牙风格园林为蓝本，糅合西班牙热情而浪漫的异域风情；以形态各异的水池、叠水和喷泉为原点，用自然生态水系、浓密的热带植物、粗犷石材肌理、精致的马赛克拼花图案和色彩鲜艳的景墙，以及充满西班牙风情的雕塑、小品、浮雕作为点缀，营造出具有朴实、厚重、精致格调的西班牙园林景观，凸显异国风情的品位，在现代繁华的社区中创造休闲、舒适、典雅的西班牙园林，感受自然舒适的生活。

中国宁德郦景阳光花园

项目地址：中国福建省宁德市
委托方：福建宝信企业有限公司
设计单位：广州市太合景观设计有限公司

项目说明

一、设计理念

项目小区的各个组团环布在“立体式”中心泳池区的四周，本着“阳光、怡静、休闲、运动”的理念。以泳池、喷水景墙、观景塔楼、跌水、花架廊、特色树池、景观桥、观景平台、休闲园路、阳光草坪、特色雕塑小品等景观元素，营造浓厚的现代风情园林。把五星级度假酒店的优美环境带到社区，使它配合郦景阳光花园的楼盘名称，整个创意融入了中国园林、欧洲园林及东南亚园林的精华，处处色块片片，芳草丛丛、相映成趣。

二、设计要点

总体设计构图以简洁、明快为主，利用几何曲线的曲直、收放变化，构成总体景观，并形成景观节点，其主次分明，聚散有度。总景观主要有五大景观节点：入口小广场、中心泳池景观区、六角亭跌水景观区、儿童活动广场、花架喷泉休闲区。

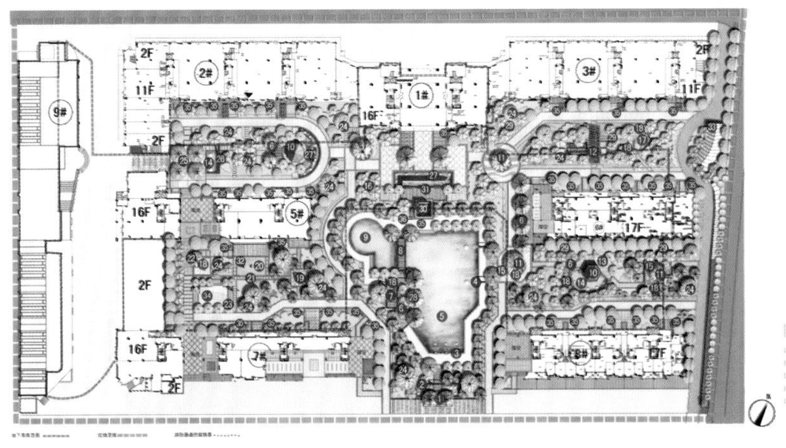

1. 入口水景广场　2. 景门　3. 喷水雕塑　4. 喷水景墙　5. 成人池　6. 休闲木平台　7. 休息长廊　8. 木桥　9. 儿童池
10. 观景亭　11. 景观大树池　12. 花架　13. 林荫小广场　14. 涌泉水景　15. 休息平台　16. 景观树阵　17. 健身区　18. 休息座凳
19. 景观雕塑　20. 特色灯柱　21. 休闲园路　22. 景观树池　23. 座凳与花钵　24. 植物组景　25. 树阵小广场　26. 特色景墙　27. 跌水景观
28. 水边树池　29. 林荫汀步　30. 塔楼　31. 组合景墙　32. 阳光草坪　33. 地下车库出入口　34. 儿童乐园　35.花钵　36. 沐浴喷头

景点布置图

其中，中心泳池景观区为总体设计的景观中心点，占地范围相对较大，考虑到地下车库影响，使之抬高，形成“立体式”中心泳池景观，并独具特色。在设计手法上，采用了现代主义的设计理念，以直线为主要景观构成元素，并利用直线的简练，直接反映出现代居住小区充满活力的一面。几何规则形状的泳池，如山一般的硬朗线条与水的柔和相互结合，少了几分随意，多了一些理性。这样的空间给人以更自由、自我、轻松闲适的感觉。入口跌水小广场作为交通节点，以特色铺装与组合景墙跌水和观景塔楼相结合。

此外，最引人注目的是广场正对的仿东南亚式样的观景塔楼。在天高云淡时，于塔楼上观赏，美景尽收眼底，其美丽的景观演绎一个小区独立的姿态。同时，考虑景观的均好性，其他景观节点也结合雕塑小品构成优美的人性化空间。在六角亭跌水景观区和花架喷泉休闲区，延续水的流动，让水景在此形成阳光活力的氛围，并保障居民户户有景可观。道路以直线为主，结合地形、空间等的变化将各个景观节点相连，形成一个景观整体。

在景观植物的选择中，除了与园林、建筑相配合外，还考虑了植物的物质特性，诸如色、香、形以及自然气息和光线作用于花草树木而产生的艺术效果。在纹理、花期、树池等方面，精心地配置，以期在观赏性与实用性之间取得平衡，并考虑到不同时节的植物形态在季节更替时，营造出不同的花草园林景致，让住户清晰感受到生命成长与季节变化带来的自然之美，让住户感受到生活在自然之中，自然也在生活之中。

中国海口大华·蔚蓝花园

项目地址：中国海南省海口市
占地面积：76 155.709平方米
总建筑面积：50 062.8平方米
容积率：0.66
设计单位：夏恳尼曦（上海）建筑设计事务所

项目说明

一、项目概况

项目基地位于海口市长流新区，北临西海岸滨海大道，虽面向琼州海峡，但有街区相间，与喜来登酒店隔街相望，基地西、南、东侧均有城市规划支路，其中西、南两侧均与海口植物园毗邻，外部环境堪称优越，基地地形方整，总用地面积76 155.709平方米。

二、总体规划

总体的规划由平原、水体及岛状绿洲组合，旨在营造巴厘风情的、自然原野的、现代版热带休闲的、度假感洋溢的自由生态居住区。其中心强调水体的作用，不规则形状的水体，迎着向它伸展的四个亲水绿洲岛叶。围着这些绿洲的正是另一组沿弧形道路蜿蜒的平原。休闲住宅错落地分布在这些平原上、绿洲边，或亲水或观水，使人如置身在多彩多姿的大自然中，悠然自在。

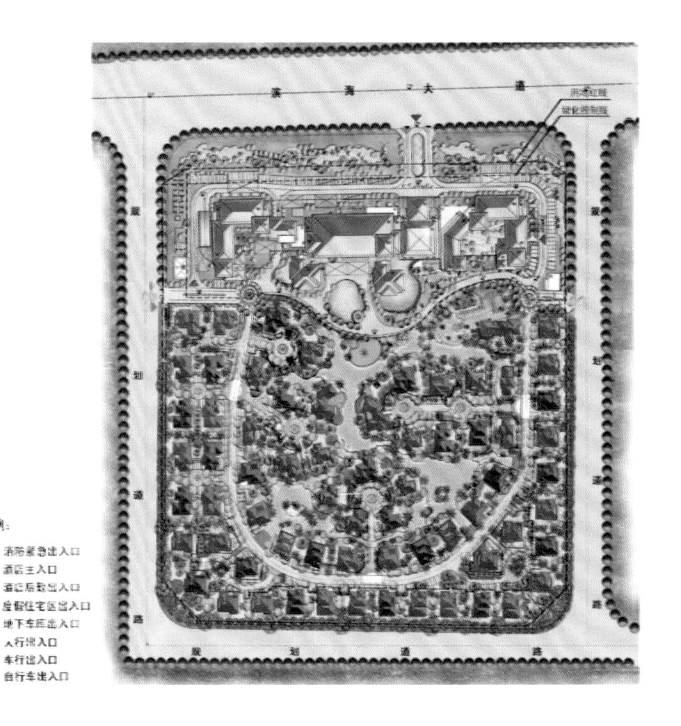

中国抚顺万科·金域蓝湾

项目地址：中国辽宁省抚顺市
开发商：抚顺万科房地产开发有限公司
设计单位：SED新西林景观国际有限公司

总平面图

项目说明

一、设计理念

项目是对金域蓝湾东南亚风情泰式园林的延续与传承。设计师将景观设计定位于“现代都市下的滨湖宜居，造就生态核心高品质泰式风情住宅”，倾力打造休闲度假生态核心的高品质泰式风情社区。

二、设计手法

设计师对自然的建筑小品精雕细琢，进而打造出情趣盎然的生态景观。由南湖引水从项目宗地内通过，采用明渠形式而自成峡谷景观，此处以植物、景示置石、泰式景观小品为主要元素，塑造了自然气息浓厚的生态环境，使住户感受到来自于大自然的野趣和环境的清新。连接峡谷景观的亲子乐园是快乐的开端，更有海盗船和人造热带雨林，轻松一刻。滨湖公园人工生态湖景观，坐拥完美湖光春色，生态、自然、野趣十足。湖边跑道、绿野漫步道和亲水平台等设置强调“以人为本”的设计原则，体现了居民的参与和互动。

三、主轴景观

主轴景观布局沿中轴线展开，并通过回廊大台阶等泰式景观元素在竖向上形成双层立体架空式的景观环境，架空景观融入酒店大堂式的精品格调，色彩的运用上则以宗教色彩浓郁的暖色调深色系为主，如深棕色、褐色、庙黄色及金色等，令人感觉沉稳、大气，在尺度或空间上凸显气势，展现了主轴景观的高贵、典雅，尽显生活空间的精致品位。

四、组团景观设计

小高层景观区内的绿地面积相对较少，空间尺度小，因此，设计师因地制宜地打造小尺度的庭院空间，营造了亲切、宁静、舒适、质朴的庭院空间，作为住户活动最为频繁的场所，这里令人心旷神怡。

超高层组团的建筑密度相对较低，以形成社区内大型集中的组团景观。景观节奏开合有度，形成韵律感十足的景观空间。空间打造和细节装饰都充分考虑了泰式风情的特质——自然、健康和休闲，展现了泰式风情的浪漫和惬意。

滨湖别墅及超高层景观组团借助滨湖体育公园的天然景观资源，阳光、草坪、大树、湖景，泰式小品和别墅完美融于其中，赋予别墅景观惬意、休闲的度假之感。

中国上海品尊国际一期

项目地址：中国上海市普陀区铜川路口60号
占地面积：22700平方米
景观设计面积：22700平方米
开发商：上海明捷置业有限公司
规划设计：上海新景升建筑设计咨询有限公司
景观设计：JBM建筑设计咨询（上海）有限公司
上海新景升建筑设计咨询有限公司（合作设计）

项目说明

品尊国际是一座集精装国际公寓、万豪旗下万丽酒店、辉盛国际旗下名致精品酒店公寓、5A甲级写字楼、大型商业于一体的多业态城市综合体，总建筑面积约700000平方米。按国际流行的城市综合体开发理念，把与人有关的各种物业形态集合在一个项目里，实现了集中、高效、步行、方便、快捷的现代需求，构筑一个国际复合精品生活圈。

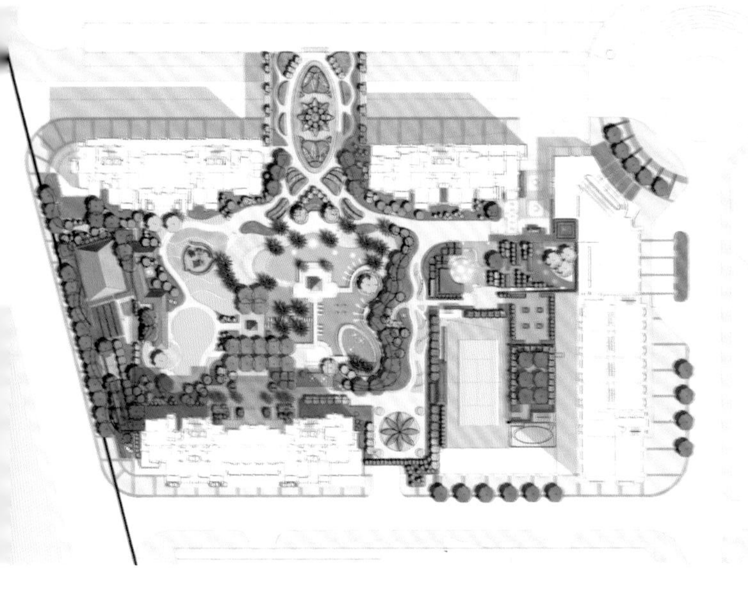

小区为业主配备专用地铁通道，自小区豪华迎宾大堂经由地下商业街直达地铁入口。园林设计采用东南亚巴厘岛风情，设置大量雕塑喷泉、跌水，池底采用马赛克贴面。住宅区实施全面人车分流，车辆可便捷地行驶于地下车库，由地下车库电梯直达每幢楼宇居所，而行人则可在地面上花园闲庭散步。小区配有约4500平方米的澳大利亚MOB健身会馆，有室内恒温泳池、室内篮球馆、壁球馆、瑜伽馆等。

中国天津世纪·梧桐公寓

项目地址：中国天津市河西区珠江道与九连山路交口
占地面积：77 800平方米
景观设计面积：55 970平方米
开发商：天津新塘投资有限公司
设计单位：杭州安道建筑规划设计咨询有限公司
首席设计师：赵涤烽
项目负责人：王国勇
设计团队：王国勇　龚黎黎　徐璐

项目说明

世纪·梧桐公寓环境设计也秉承和展现了新装饰艺术主义风情园林的精神内涵，在原则上灵活运用重复、对称、渐变等设计手法为整个园区做环境空间，小区大面积的自然水系和小区中心主轴上的规则水景成为世纪·梧桐公寓蓝色的主旋律，串联起小区各个组团的景观，为梧桐公寓编织起一个个优雅的空间。

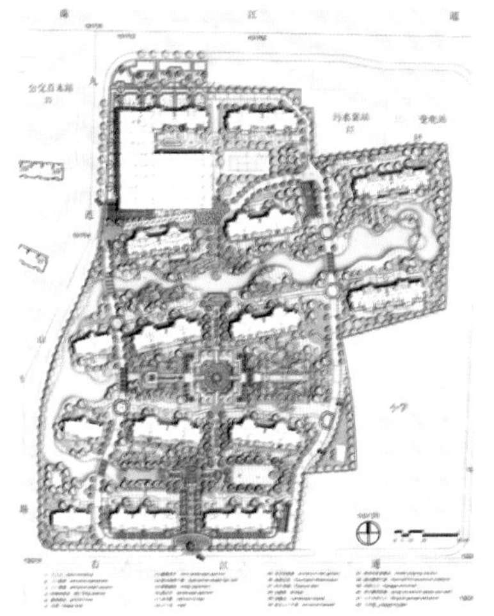

整个园区楼间距平均达到50多米，平均宅间景观面积达10 000平方米，为景观营造提供了十分优越的先天条件。

设计师考虑到中国园林文化与西方园林文化的差异和中西方的人文差异，因此园区内的景观设计也不仅是形式的简单再现，更重要的是把中国的人文因素与西方的园林形式紧密结合，这也是新装饰艺术主义风情园林设计的精神内涵所在，在设计中运用取景、借景、造景和障景等设计手法，利用水面、绿化和景观构筑物及小品等元素营造层次丰富的空间，放弃一些西方的直白，引入些许东方的含蓄。

中国东莞市丰泰观山花园

项目地址：中国广东省东莞市
委托方：东莞丰泰地产开发有限公司
设计单位：广州市太合景观设计有限公司

项目说明

一、背景

丰泰观山花园位于东莞市厚街镇区横岗水库一侧，小区面江而建，呈南北狭长形走向，拥有非常稀缺的自然景观，三面环水、一面是山，庭前是10 000亩横岗水库，对面是25平方千米的大岭山森林公园，依山傍水，自然环境和人文地理环境优越。

二、设计理念

以“自然、休闲、阳光”为概念主题，营造出亚热带园林风情，塑造一个恬静、自然、环境优雅、空间互动、人际交往自由融洽的大型标志性精品社区。

三、景观布局

(一)休闲娱乐区

休闲娱乐区由主入口景观、酒店景观及会所景观组成。

主入口广场以潺潺的跌水喷泉、具有异国风情的景观塔及亮丽的地面铺装形成一个气势恢弘的入口大广场，引导人们进入一个充满亚热带风情的空间。酒店景观及会所景观分别以巴厘岛和亚热带风格为主导，引入度假式酒店的概念，提升整个环境的档次。

(二)沿江景观区

小区三面环湖，同时由于地形的高差，形成两千多米长的临江景

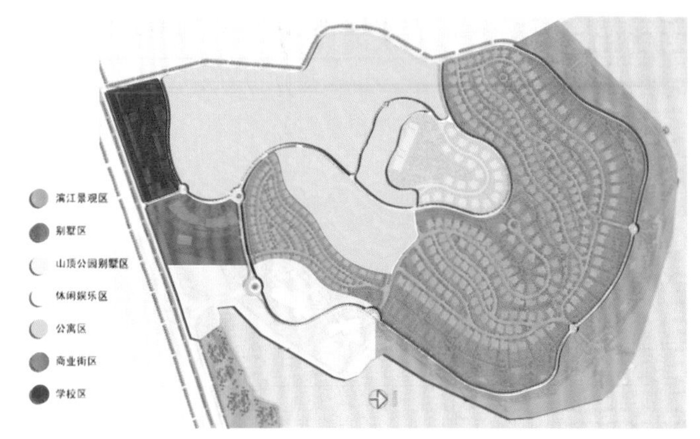

观带且顺坡走势，景观带如一条蜿蜒曲径贯穿其中，用多种形式的造景手法，利用亭、台、廊、铺装、植物等造景元素，营造出一个自然、休闲、阳光、运动的园林景观，更是一个适合不同年龄层活动的场所。

(三)别墅景观区

别墅区分为单体别墅区和并排别墅区。我们利用其周边的公共空间里各种园林手法创造精品景观。其中设置有景观绿化带、溪流景观带、树池、花架等，让人们在这有限的空间里感受到无限的景观。

(四)山顶公园景观

山顶公园是小区住户与大自然亲密接触的空间，蜿蜒曲折的登山小径，引导着探索大自然的人们去发现一个又一个奥秘，而每一个台阶不仅为人们提供休憩的空间，又让人们在不同的高度去感受小区无限风光。而山顶公园景观台，更是全区的制高点，人们可以在此呼吸大自然的新鲜空气，做做晨练，亦可以在此会友闲聊，品茶对弈。

(五)公寓景观

公寓是人群比较密集的地方，因此我们在景观上考虑得更为全面、更为具体，力求做到户户有景。每个组团都有特色花园，功能也较为齐全，体现以人为本的设计。其中设置了两个园林泳池，都别具一格地体现了亚热带的园林韵味。一条蜿蜒曲折的景观溪流其间设置了不同的景点。

(六)商业街、学校景观区

利用喷泉、景观雕塑柱、雕塑、树池、座凳等现代元素营造一个繁荣、具有文化气息的商业街景观。寓文化于景观中，创造一个具浓厚书香味的学校景观。

中国贵阳兴隆誉峰

项目地址：中国贵州省贵阳市蟠桃宫路
开发商：贵阳常青藤集团
设计单位：IDU（埃迪优）世界设计联盟联合业务中心 · 奥斯本

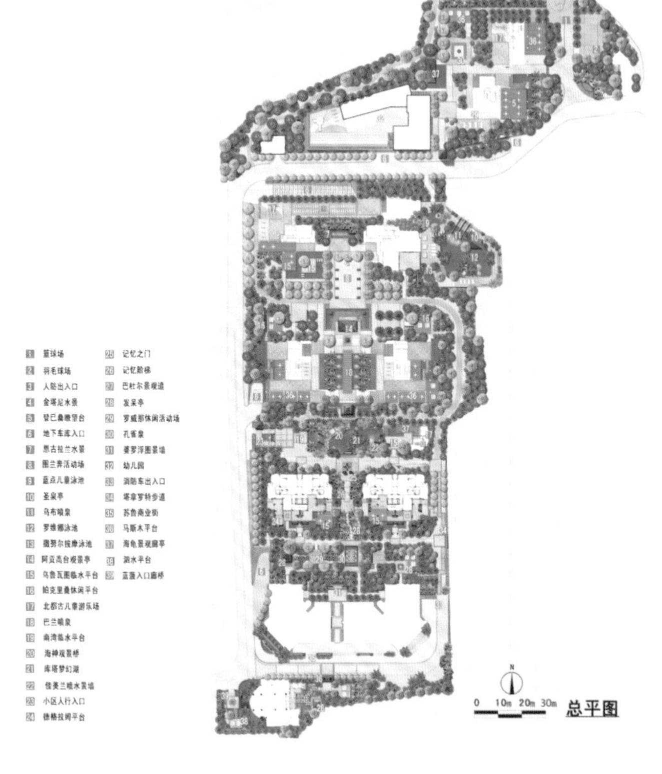

总平图

项目说明

一、项目概况

该项目位于贵阳市城市中心区蟠桃宫路，交通便利，配套设施齐全，楼盘东西两侧被山体公园所环绕，但周围的微观环境较差。设计师结合较为完整的规划特征，扬长避短，通过东西方向视线借山景，打造了具有独特魅力的内核性景观。

二、规划设计

整个楼盘的景观风格定义为融合式东南亚风情园林，建筑布局呈行列式布置，庭院空间较规整，围合度较高，且受地形高差影响（南北高差约40米），视距受限，边缘空间较多。设计师根据功能和私密性不同将庭院分级，增强对比，使公共区域更显气度，使私密庭院更显幽深。

在微观层面，通过景观设计手法使整个小区环境达到“步移景异、小中见大”的效果。整合边缘空间，并将其变为可利用的功能性空间。

中国上海临江豪园

项目地址：中国上海市徐汇区宛平南路921号
占地面积：22 000平方米
设计面积：22 000平方米
委托方：宝华集团-上海恒宛置业发展有限公司
设计单位：上海新景升建筑设计咨询有限公司
主要设计人员：徐海翔　程罡　杨慷　安锡光　朱建云　孙婧

项目说明

临江豪园位于上海市徐汇区宛平南路与龙华西路转角处，占地面积22 000平方米，由8幢高层、小高层及多层组成，基地中心为中心绿化，绿化下部为地下机动车库，沿宛平路和龙华西路布置步行商业街。

总体景观围绕着中心水景展开。在整个小区景观的营造中，传承了苏州园林移步换景，设计采用小中见大、细腻精致的手法，堆土成坡，挖池成水，自然溪流与规则水景相呼应，点缀雕塑小品，做到人工与自然相结合，营造出自然精致的居住氛围。

主要抓住几个景观重要节点，突出重点，强化异域风情。

其中，入口水景墙、入口对景、花格树阵、中心水景池和东侧车库边的静水池为最重要的几大景观节点。它们把视线或收或放，和景观亭、树阵广场、架空层等次要景观节点互相形成对景，同时对小区不利的周边景观进行遮挡。

中心水景利用小区中心区域，在地下车库之上布置了中心水景。中心水景分为两个标高形成跌水，沿水池种植热带风情植物，小区中心绿化的道路结合水池形成景观步行及休憩系统。从楼上向下俯瞰，蓝色如泓的水面，点缀其间的景亭、廊架及不同饰面的步道，给人以赏心悦目之感。

中心水景向东蜿蜒布置了一条生态水系，生态水系和景观步道时而平行、时而交错，兼以景墙、跌水、景观石和疏林草坡的布置，营造步行的乐趣。

在种植上，注意结合地形及设计主题，注重落叶与常绿、热带树种与乡土树种，速生与慢生的搭配，观叶与观花相结合，营造层次丰富的软质景观，尤其强调正常视线范围内视觉感受。

彩色景观总平图

德国慕尼黑博根豪森别墅花园

项目地址：德国慕尼黑
规划面积：约3 000 平方米
设计单位：德国雷纳 · 施密特景观设计公司
摄影：Argenta Müller Naumann

项目说明：

别墅最初建于1923年，具有典型的新古典主义风格，并于1980年进行了修缮改建。

整个别墅花园的外部被充满野趣的“自然”所包裹；内部则采用简洁明快的线条，简练的建筑语言来表达。

各种高雅、高档材质的使用更加强化了这一设计理念，例如自然的石材，以及青铜雕塑的使用等等。

花园主要分为三个部分，其中东面是别墅的主入口，入口处种植有经过修剪的黄杨和杜鹃花。花园第二个部分是左右对称分布的修边花坛。花坛上置有经过修剪的黄杨，内部种植各色的鲜花以体现夏日缤纷的主题。花园第三个也是最大的一个部分是倾斜上升的大草坪。位于草坪中间轴线上的是一个跌水台阶，沿着台阶的两边放有种植于陶盆内经过修剪的黄杨树。在视线的方向，跌水台阶的尽头，人们可以看到一个由常春藤修剪而成的沙发椅，背景则是不同高度、种类、颜色的平行绿篱。这片草坪区域四周嵌有一道石墙，通过它将整个草坪抬升并支撑起来，形成高差。

抬升的草坪、各色的绿篱、跌落的水景形成了一个与众不同的透视角度。在这个独特的空间中，鲜嫩的草地、夏季的风情、清凉的跌水这些元素共同奏出了一首美妙的交响乐曲。

中国廊坊珠光·御景

项目地址：中国河北省廊坊市
设计面积：85 000平方米
开发商：香河珠光房地产开发有限公司
设计单位：英国宝佳丰(BJF)建筑景观规划设计有限公司
主要设计人员：寇航

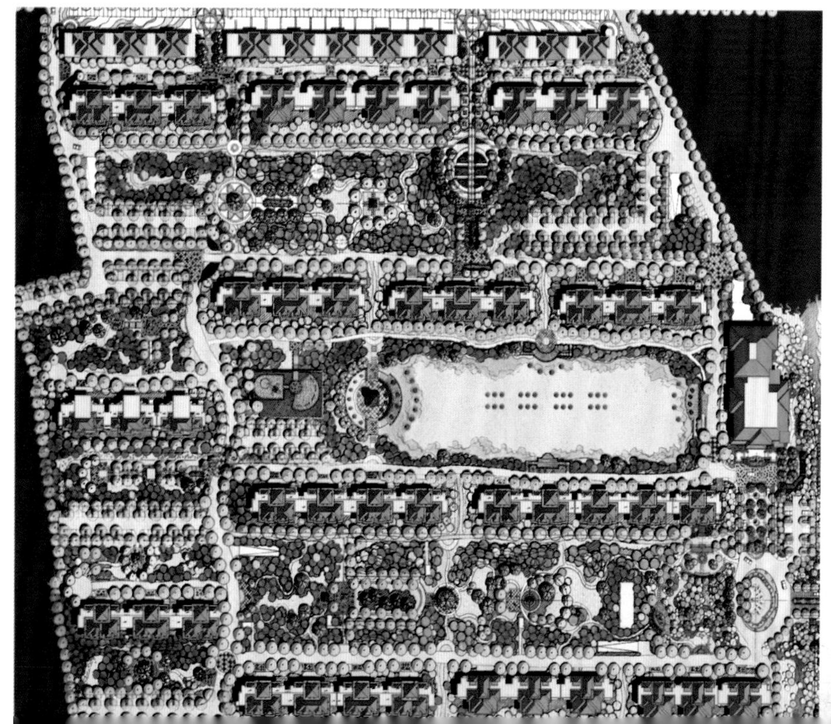

项目说明

该建筑形式融南加州建筑风格与现代风格于一体，是古典与现代的完美结合，既拥有古典优雅的气质，又符合现代人的审美及居住理念，即“新古典”主义的风格。提炼出十二个字的主题原则为：古典、精致、休闲、浪漫、生态、自然。

景观空间的设计将配合建筑的新古典主义的风格，让人同时体会到尊贵、礼遇与家的温馨。在古典的会所建筑前面，营造出一个尊贵大气的空间序列：从踏浪归来到抬升的古典精致喷泉系列及银杏大道，最后到会所门前的环抱拾级而上，无不令人感到尊荣并且备受礼遇。

进入样板区西南侧的情趣小空间，鲜花簇拥，廊亭矗立，快乐的孩子和幸福的老人映入眼帘，心情顿时彻底放松。“七重天”的植物种植带来生态、健康、自然的居所。从草坪、地被、小灌木、大灌木，到小乔木、大乔木最后到背景林，无不体现着设计的人性关怀。

中国长沙融科·三万英尺

项目地址：中国湖南省长沙市
设计单位：上海中讯文化传播有限公司

项目说明

融科·三万英尺位于大长沙坐标原点东塘雨花亭，由7栋高层住宅、1栋高层小户型公寓和1栋独立城市生活会馆组成，总建筑面积190 000平方米。

融科·三万英尺在设计上融合现代城市建筑理念，点阵式T形短板的规划实现了住宅的南北通透和全明设计。园林设计以神秘、浪漫著称的东南亚热带风情雨林，并通过“恋恋巴厘”、“云顶雅境”、“苏美香域”三大组团景观汲取了东南亚园林景观的精华。